Mareike Ströfer

Hypoxie und Strahlentherapie

Mareike Ströfer

Hypoxie und Strahlentherapie

Einfluss synthetischer und natürlicher HIF-Modulatoren auf Wachstum & Strahlensensibilität von humanen Tumorzellen

Südwestdeutscher Verlag für Hochschulschriften

Impressum/Imprint (nur für Deutschland/only for Germany)
Bibliografische Information der Deutschen Nationalbibliothek: Die Deutsche Nationalbibliothek verzeichnet diese Publikation in der Deutschen Nationalbibliografie; detaillierte bibliografische Daten sind im Internet über http://dnb.d-nb.de abrufbar.
Alle in diesem Buch genannten Marken und Produktnamen unterliegen warenzeichen-, marken- oder patentrechtlichem Schutz bzw. sind Warenzeichen oder eingetragene Warenzeichen der jeweiligen Inhaber. Die Wiedergabe von Marken, Produktnamen, Gebrauchsnamen, Handelsnamen, Warenbezeichnungen u.s.w. in diesem Werk berechtigt auch ohne besondere Kennzeichnung nicht zu der Annahme, dass solche Namen im Sinne der Warenzeichen- und Markenschutzgesetzgebung als frei zu betrachten wären und daher von jedermann benutzt werden dürften.

Coverbild: www.ingimage.com

Verlag: Südwestdeutscher Verlag für Hochschulschriften GmbH & Co. KG
Heinrich-Böcking-Str. 6-8, 66121 Saarbrücken, Deutschland
Telefon +49 681 37 20 271-1, Telefax +49 681 37 20 271-0
Email: info@svh-verlag.de

Zugl.: Lübeck, Universität, Diss., 2012

Herstellung in Deutschland (siehe letzte Seite)
ISBN: 978-3-8381-3227-3

Imprint (only for USA, GB)
Bibliographic information published by the Deutsche Nationalbibliothek: The Deutsche Nationalbibliothek lists this publication in the Deutsche Nationalbibliografie; detailed bibliographic data are available in the Internet at http://dnb.d-nb.de.
Any brand names and product names mentioned in this book are subject to trademark, brand or patent protection and are trademarks or registered trademarks of their respective holders. The use of brand names, product names, common names, trade names, product descriptions etc. even without a particular marking in this works is in no way to be construed to mean that such names may be regarded as unrestricted in respect of trademark and brand protection legislation and could thus be used by anyone.

Cover image: www.ingimage.com

Publisher: Südwestdeutscher Verlag für Hochschulschriften GmbH & Co. KG
Heinrich-Böcking-Str. 6-8, 66121 Saarbrücken, Germany
Phone +49 681 37 20 271-1, Fax +49 681 37 20 271-0
Email: info@svh-verlag.de

Printed in the U.S.A.
Printed in the U.K. by (see last page)
ISBN: 978-3-8381-3227-3

Copyright © 2012 by the author and Südwestdeutscher Verlag für Hochschulschriften GmbH & Co. KG and licensors
All rights reserved. Saarbrücken 2012

I Inhaltsverzeichnis

1. Einleitung 9
1.1 Problemstellung und Arbeitshypothesen 9
1.2 Hypoxie und Hypoxie-induzierbare Faktoren - Literaturübersicht 10
  1.2.1 Ursachen und Folgen einer Gewebehypoxie 10
  1.2.2 Struktur und Regulation von HIF 12
  1.2.3 Aktivierung Hypoxie- bzw. HIF-assoziierter Gene 14
  1.2.4 Rolle von HIF in Tumoren 16
1.3 HIF-Modulation durch synthetische Substanzen als Therapieansatz 17
  1.3.1 HIF-Knockdown mittels RNA-Interferenz (RNAi) 17
  1.3.2 Sauerstoff-unabhängige HIF-Stabilisierung durch α-Ketoglutarat-Inhibitoren 10
1.4 Natürliche HIF-Inhibitoren 19
  1.4.1 Struktur und direkte Wirkung von Flavonoiden auf zelluläre Signalwege 19
  1.4.2 Kurkumin – ein natürliches Chemotherapeutikum 21
  1.4.3 Genistein – ein estrogen wirkendes Flavonoid 23
1.5 Radiotherapie – Hintergründe zu Wirkmechanismen und Einflussfaktoren 25
  1.5.1 Physikalische Mechanismen und zelluläre Antwort auf Bestrahlung 25
  1.5.2 Biologische Mechanismen einer Strahlenresistenz 27
  1.5.3 Die Rolle von HIF in der Strahlentherapie 28
1.6 Induktion von Zellstress und Apoptose durch Hypoxie und Bestrahlung 30

2. Material und Methoden 32
2.1 Materialien 32
2.2 Zellkultur-/ molekularbiologische Methoden 42
  2.2.1. Kultivierung von Säugerzellen 42
  2.2.2. Vitalitätstest (MTT-Assay) 43
  2.2.3 Transfektion 44
  2.2.4 Luziferase-Reportergen-Assay 45
  2.2.5 EROD-Assay 45
  2.2.6 Klonogener Assay (Clonogenic Survival Assay) 45
  2.2.7 Kurkumin-Aufnahmestudien 46
2.3. Proteinbiochemische Methoden 47
  2.3.1 Herstellung von Proteinextrakten und Proteinkonzentrationsbestimmung 47
  2.3.2 SDS-Polyacrylamid Gelelektrophorese und Western Blot 48

2.4 Statistische Auswertung 49
3. Ergebnisse 50
3.1 MTT-Assay 50
3.2 HIF-Inhibierung durch RNAi 52
3.3 HIF-Stabilisierung durch einen α-Ketoglutarat-Inhibitor 56
3.4 HIF-Inhibierung durch Flavonoide 60
3.4.1 Aufnahme von Kurkumin 60
3.4.2 Einfluss von Kurkumin und Genistein auf HIF 61
3.4.3 Einfluss von Kurkumin und Genistein auf die Strahlensensibilität 65
3.5 Weitere Mechanismen der Tumor-Inhibierung durch Kurkumin und Genistein. 69
3.5.1 Induktion der Caspase 3/7 sowie PARP-Aktivität durch Kurkumin 69
3.5.2 Inhibierung der NFκB-Aktivität durch Kurkumin und Genistein 70
3.5.3 Einfluss von Kurkumin auf die Aktivität des CYP450-System 71
3.5.4 Verminderung der ERα-Proteinverfügbarkeit durch Kurkumin 73
3.6 Einfluss weiterer HIF-assoziierter Faktoren auf das Tumorwachstum und die Strahlenresistenz 74
3.6.1 Veränderungen auf Proteinebene nach Bestrahlung 74
3.6.2 P53-Akkumulation nach HIF-Stabilisierung oder Inkubation mit Flavonoiden 76
2.6.3 Strahlenresistenz nach Generierung von NO 77
4. Diskussion 78
4.1 Die Bedeutung HIF-vermittelter Mechanismen für die Ausbildung einer Strahlenresistenz 78
4.2 Möglichkeiten des Einsatzes von HIF-Stabilisatoren zur Therapie von Anämien 81
4.3 Ionisierende Strahlung, HIF-Proteinspiegel und Zellstress 83
4.4 Kurkumin – Antikanzerogen und natürlicher Radiosensitizer 86
4.5 Zelluläre Wirkungen des Genisteins 90
4.6 Resümee, Problemdiskussion und Aussichten 92
5. Zusammenfassung 95
6. Literaturverzeichnis 96
7. Veröffentlichungen und Kongressbeiträge 109

II Abbildungsverzeichnis

Abbildung 1: Schematische Darstellung der regulatorischen Abschnitte der HIF-α Isoformen und von HIF-1β 12

Abbildung 2: Regulation des Hypoxie-induzierbaren Faktors HIF-1 unter Normoxie und Hypoxie 13

Abbildung 3: HIF-1α-Induktion durch kontinuierliche und zyklisierende Hypoxie 14

Abbildung 4: HIF-1 regulierte Genexpression 15

Abbildung 5: HIF-1α-Aktivierung in (malignen) Geweben 17

Abbildung 6: Schematische Darstellung der katalytischen Oxidation mit einer α-Ketoglutarat- abhängigen Oxygenase 18

Abbildung 7: Strukturformel von Kurkumin. 21

Abbildung 8: Proteinregulation durch Kurkumin. 22

Abbildung 9: Strukturformeln von Genistein und Estradiol. 23

Abbildung 10: Proteinregulation durch Genistein 24

Abbildung 11: Mögliche DNA-Schäden nach Bestrahlung 25

Abbildung 12: Direkte und indirekte Wirkungen einer Photonenbestrahlung 26

Abbildung 13: Signalkaskade des ‚DNA Damage Response'. 27

Abbildung 14: Effekte einer Bestrahlung auf HIF 28

Abbildung 15: Divergierende HIF-vermittelte Mechanismen mit Einfluss auf die Radioresponsivität 29

Abbildung 16: Signalkaskade nach Schädigung der DNA. 31

Abbildung 17: Strukturformeln von 2,4-Pyridindikarbonsäure und ^{t}Bu-2,4-PDC. 37

Abbildung 18: Vitalitäts-Assays verschiedener Zelllinien nach Vorbehandlung mit spezifischen Induktoren/ Inhibitoren 51

Abbildung 19: Expressionsnachweis verschiedener HIF-1α und HIF-2α defizienter Zellen. 52

Abbildung 20: Klonogenes Überleben verschiedener HIF-α defizienter Tumorzellen im Vergleich zum Wildtyp. 54

Abbildung 21: Klonogenes Überleben HIF-α defizienter Tumorzellen im Vergleich zwischen Normoxie und Hypoxie. 55

Abbildung 22: HIF-α Stabilisierung im Zeitverlauf nach Behandlung mit ^{t}Bu-2,4-PDC. 56

Abbildung 23: Nachweis von HIF-α in verschiedenen mit ^{t}Bu-2,4-PDC HIF-α behandelten Zellen. 57

Abbildungsverzeichnis

Abbildung 24: Klonogenes Überleben verschiedener mit ^{t}Bu-2,4-PDC behandelter im Vergleich zu hypoxisch inkubierten Tumorzellen. 58

Abbildung 25: Klonogenes Überleben unbehandelter im Vergleich zu mit ^{t}Bu-2,4-PDC behandelten HIF-α defizienten Zellen 59

Abbildung 26: Kurkumin-Aufnahme aus dem Medium in die Zelle 60

Abbildung 27: Immunoblotting von HIF-1α, HIF-2α and ARNT in Kurkumin und Genistein behandelten Zellen. 62

Abbildung 28: Luziferase-Reporter-Assay von HRG-1 und HRB-5 Zellen. 64

Abbildung 29: Einfluss von Kurkumin auf das klonogene Überleben von Leber- und Brusttumorzellen – Absolutwerte 66

Abbildung 30: Einfluss von Kurkumin auf das klonogene Überleben von Leber- und Brusttumorzellen – normalisierte Daten. 67

Abbildung 31: Einfluss von Genistein auf das klonogene Überleben von Mammakarzinomzellen. 68

Abbildung 32: Induktion von PARP und Caspasen 3/7 durch Kurkumin-Inkubation. 69

Abbildung 33: NFκB Reportergen-Analyse nach Inkubation mit Kurkumin und Genistein. 70

Abbildung 34: Einfluss von Kurkumin und Genistein auf den AhR. 72

Abbildung 35: Einfluss von Kurkumin auf ERα-Proteinspiegel und –Lokalisation. 73

Abbildung 36: Vergleich verschiedener Proteinspiegel vor und nach Bestrahlung. 75

Abbildung 37: P53-Proteinmengen nach Vorbehandlung mit Hypoxie und Flavonoiden. 76

Abbildung 38: Klonogener Assay nach Vorbehandlung mit einem NO-Donor. 77

III Tabellenverzeichnis

Tabelle 1. Einteilung der Gewebehypoxien nach Ursachen 10
Tabelle 2. Wirkung verschiedener Pflanzeninhaltsstoffe auf HIF. 19
Tabelle 3. Verwendete Antikörper – Hersteller und Anwendung. 38
Tabelle 4. Transfektionsschemata. 36
Tabelle 5. Durchschnittliche Abnahme der überlebenden Fraktion HIF-α defizienter Tumorzellen in % im Vergleich 47

IV Abkürzungsverzeichnis

AhR	Arylhydrokarbon-Rezeptor
α-KG	α-Ketoglutarat
ALDA	Aldehyddehydrogenase
ANG-1/-2	Angiopoietin-1/-2
AP-1	Aktivator-Protein-1
APS	Ammoniumpersulfat
Aqua bidest	bidestilliertes Wasser
ARNT	Aryl Hydrocarbon Receptor Nuclear Translator
ATF4	Activating Transcription Factor 4
ATM	Ataxia Telangiectasia, Mutated
ATP	Adenosintriphosphat
ATR	ATM- and Rad3-related Kinase
BCA	Bicinchinon-Säure
bHLH-PAS	Basic Helix-Loop-Helix/Per-ARNT-Sim
BiP	Immunoglobulin Heavy Chain-binding Protein
B(a)P	Benzo(a)pyren
Bcl-2	B-cell Lymphoma 2
bFGF	Basic Fibroblast Growth Factor
CA	Karboanhydrase
CBP	cAMP Response Element Binding Protein
CCND1	Zyklin D1
CO	Kohlenstoffmonoxid
COX	Zyclooxygenase
CREB2	cAMP Response Element Binding Protein 2
CTAD	C-terminale transaktivierende Domäne
CTGF	Connective Tissue Growth Factor
Cur	Kurkumin
CYP	Cytochrom P450
CXCR4	CXC-Motiv-Chemokinrezeptor 4
d.h.	das heißt
DDR	DNA Damage Response
DFO	Desferrioxamin
DMEM	Dulbecco's Modified Eagle's Medium
DMSO	Dimethylsulfoxid
DNA	Desoxyribonukleinsäure
DNA-PKc	DNA-dependent Protein Kinase, Catalytic Subunit
DSB	DNA-Doppelstrangbruch
ECL	Enhanced Chemiluminescence
EDTA	Ethylendiamintetraessigsäure
ENO1	Enolase 1
EPAS1	Endothelial PAS Domain-containing Protein 1
EPO	Erythropoietin
ER	Endoplasmatisches Retikulum
ERα	Estrogen Rezeptor α
ERβ	Estrogen Rezeptor β
EROD	Ethoxyresorufin-O-deethylase
ESA	Erythropoiese Stimulierende Agentien
et al.	und andere
ETS	Gen der E-twenty six-Familie

Fe(II)	zweiwertiges Eisen
FGF	Fibroblast Growth Factor
FIH-1	Factor Inhibiting HIF
FKS/ FCS	Fetales Kälberserum
FLK-1	Fetal Liver Kinase-1
FLT-1	Fms-Like Tyrosine Kinase Receptor-1
g	Gramm
Gen	Genistein
GLUT-1/-3	Glukosetransporter-1/-3
Gy	Gray
h	Stunde(n)
Hb	Hämoglobin
HCL	Essigsäure
HDAC	Histon-Deazetylase
HIF	Hypoxie Induzierbarer Faktor
HK1/2	Hexokinase1/2
H_2O_2	Wasserstoffperoxid
HOX	Hypoxie 1 % Sauerstoff
HRE	Hypoxie-Responsives Element
Hsp90	Heat Shock Protein 90
HuR	RNA-binding Protein Human Antigen R
IGF-2	Insulin Like Growth Factor 2
IL	Interleukin
iNOS	induzierbare Stickstoffmonoxid-Synthase
ISR	Integrated Stress Response
KCL	Kaliumchlorid
kDa	kiloDalton
k.o.	Knockdown
LDHA	Laktat-Dehydrogenase A
LOX	Lipoxygenase
MAPK	Mitogen-aktivierte Proteinkinase
min	Minute(n)
ml	Milliliter
mmHg	Millimeter-Quecksilbersäule
MMP-2/-9	Matrix Metalloproteinase 2/9
mRNA	Messenger RNA
mTOR	Mammalian Target of Rapamycin
MTT	3-(4,5-Dimethylthiazol-2-yl)-2,5-diphenyltetrazoliumbromid
MW	Mittelwert
MXI-1	MAX-Interacting Protein-1
NaCl	Natriumchlorid
NADPH	Nicotinamid-Adenin-Dinukleotid-Phosphat
NFκB	Nuclear Factor Kappa B
NIP	Nineteen KD Interacting Protein
NLS	Nuclear Localisation Signal
nm	Nanometer
NO	Stickstoffmonoxid
NOX	Normoxie
NTAD	N-terminale transaktivierende Domäne
O_2	molekularer Sauerstoff
O_2^-	Superoxid-Anion

OD	Optische Dichte
ODD Domain	Oxygen Dependent Degradation Domain
OER	Oxygen Enhancement Ratio
PAI-1	Plasminogen-Aktivator-Inhibitor-1-Protein
PARP-1	Poly [ADP-ribose] Polymerase 1
PBS	Phosphat-gepufferte Salzlösung
PDGF-B	Platelet Derived Growth Factor B
PDK1	[Pyruvate Dehydrogenase [lipoamide]] Kinase Isoenzyme 1
Pen/Strep	Penicillin/Streptomycin
PERK	RNA-like Endoplasmic Reticulum Kinase
PFKL	6-Phosphofruktokinase der Leber
PGK-1	Phosphoglyzerat Kinase 1
PHD	Prolylhydroxylase
PI3K	Phosphatidylinositol 3-Kinase
PKC	Proteinkinase C
pmol	pikomol
pO_2	Sauerstoffpartialdruck
$pO_{2krit.}$	kritischer Sauerstoffpartialdruck
Ras	Rat Sarcoma
RISC	RNA-Induced Silencing Complex
rhEPO	rekombinantes humanes Erythropoietin
RNA/RNA	Ribonukleinsäure
ROS	Reaktive Sauerstoff Spezies
rpm	Runden pro Minute
SD	Standardabweichung
SDF-1	Stromal Cell-derived Factor-1
SDS	Natriumdodecylsulfat
shRNA	Short Hairpin RNA
siRNA	Small Interfering RNA
SNP	Sodium-Nitro-Prusside
SOD	Superoxid-Dismutase
STAT	Signal Transducer and Activator of Transcription
^{t}Bu-2,4-PDC	2,4-Pyridin-dikarbonsäure-di-tert-butyroyloxy-methyl-ester
TCDD	Tetrachlordibenzodioxine
TEMED	Tetramethylethylenediamin
TGF	Transforming Growth Factor
TIE-2	Tunica Internal Endothelial cell kinase 2
TNFα	Tumor Nekrose Faktor alpha
TPF-α	Thymocyte Proliferation Factor alpha
Tris	Tris(hydroxymethyl)-aminomethan
u.a.	unter anderem
uPAR	Urokinase-type Plasminogen Activator Receptor
UPR	Unfolded Protein Response
V	Volt
VEGF	Vascular Endothelial Growth Factor
vgl.	vergleiche(n Sie)
μM	mikromolar
μg	Mikrogramm

1. Einleitung

1.1 Problemstellung und Arbeitshypothesen

Ein Forschungsschwerpunkt der Arbeitsgruppe „Hypoxie und EPO" des Physiologischen Instituts der Universität zu Lübeck ist die Untersuchung des Transkriptionsfaktors HIF (Hypoxie-induzierbarer Faktor) und dessen Einfluss auf verschiedene Signalkaskaden innerhalb der Zelle. Durch die enge Zusammenarbeit mit der Klinik für Strahlentherapie ergaben sich die Fragen, inwiefern die Expression von HIF zu einer verstärkten Radioresistenz hypoxischer Tumoren beiträgt und ob die Hemmung dieser Faktoren eine Verbesserung der Therapierbarkeit dieser Tumoren erzielen kann. Die Ergebnisse sollten Schlussfolgerungen für die Radiotherapie im Bereich Onkologie hervorbringen und so einen Bezug zur Anwendung in der Praxis herstellen. Folgende Arbeitshypothesen bildeten die Grundlage der Klärung dieser Fragestellungen:

1. Im ersten Teil der Arbeit sollte bewiesen werden, dass die Expression des durch Hypoxie aktivierten Regulators HIF entscheidenden Einfluss auf die Strahlensensibilität humaner Tumorzellen hat. Es sollte gezeigt werden, dass nicht nur HIF-1α, sondern auch HIF-2α wesentlich zur Ausbildung einer Strahlenresistenz beiträgt. Dazu wurden die HIF-Untereinheiten 1α und 2α durch Inkubation in Hypoxie oder Anwendung der Methode der RNA-Interferenz in Tumorzellen gezielt aktiviert bzw. deaktiviert, die Zellen bestrahlt und das klonogene Überleben ermittelt. Die Daten wurden vergleichend an vier humanen Tumorzelllinien verschiedenen Ursprungs *in vitro* gewonnen, um zu veranschaulichen, dass es sich hierbei um einen allgemeinen Mechanismus handelt. Ergänzend sollte demonstriert werden, dass sich eine Hypoxie-unabhängige Stabilisierung von HIF sowohl positiv als auch negativ innerhalb einer Therapie auswirken kann.

2. Da in klinischen Studien beobachtet wurde, dass auch natürliche Pflanzeninhaltsstoffe ein strahlensensibilisierendes und krebshemmendes Potential aufweisen, sollten diese Effekte für die Flavonoide Kurkumin und Genistein *in vitro* bestätigt werden. Hierbei mussten deren direkte Wirkung auf HIF und das klonogene Überleben sowie deren Einfluss auf zelluläre Überlebens-Signalkaskaden geklärt werden.

Um besser verstehen zu können, warum eine ausreichende Sauerstoffversorgung wichtigen Einfluss auf den Erfolg einer Radiotherapie maligner Zellen hat, sollen vor der Präsentation

Einleitung

der Ergebnisse Hintergründe zur Sauerstoffregulation im Körper, Folgen einer Hypoxie auf zellulärer Ebene sowie Wirkmechanismen ionisierender Strahlung genauer erläutert werden.

1.2 Hypoxie und Hypoxie-induzierbare Faktoren - Literaturübersicht

1.2.1 Ursachen und Folgen einer Gewebehypoxie

Sauerstoff (O_2) ist essentiell für höhere Lebewesen zur Gewinnung von Energie in Form von Adenosintriphoshat (ATP) über den Prozess der oxidativen Phosphorylierung in den Mitochondrien der Zelle. Das kardiovaskuläre und das respiratorische System des menschlichen Körpers sorgen für die Einstellung eines Sauerstoffpartialdrucks (pO_2) des arteriellen Blutes von 75-95 mmHg. Dies ist Voraussetzung für die Aufrechterhaltung normoxischer Sauerstoffverhältnisse in den Geweben. Der Sauerstoffpartialdruck sinkt vom alveolaren zum gemischt-venösen Blut auf ca. 40 mmHg bei normaler Sauerstoff-Konzentration in der Atemluft (21 % O_2 bzw. 159 mmHg). Da der pO_2 sowohl entlang der Kapillare als auch senkrecht dazu mit der Entfernung von der Kapillare sinkt, sind kapillarferne Zellen am venösen Ende am schlechtesten mit O_2 versorgt (Krogh-Zylinder).

Die Verfügbarkeit von Sauerstoff im Gewebe kann durch einen erhöhten Bedarf oder ein erniedrigtes Angebot des Moleküls limitiert sein [1]. Der Zustand einer Mangelversorgung von Gewebe mit O_2 wird als Hypoxie bezeichnet. Eine Einordnung der Gewebe-Hypoxien mit deren Ursachen ist in Tabelle 1 aufgeführt.

Tabelle 1. Einteilung der Gewebehypoxien nach Ursachen (modifiziert nach Despopoulos & Silbernagl in TaschenAtlas der Physiologie, Georg Thieme Verlag, Stuttgart 2007).

Bezeichnung	**Ursache**
Hypoxämische Hypoxie	zu geringe O_2-Aufladung des Blutes durch: - Höhenaufenthalt - verminderte alveoläre Ventilation - Störung des alveolären Gasaustauschs
Anämische Hypoxie	- gesenkte O_2-Kapazität des Blutes (z.B. Eisenmangelanämie)
Ischämische Hypoxie	- verminderte Durchblutung (z.B. Herzversagen, Arterienverschluss)
Hypoxie durch Diffusionswegverlängerung	- aufgrund von Gewebsvermehrung mit inadäquater Kapillargefäßbildung (z.B. Tumoren)

Zytotoxische Hypoxie	- verminderte O_2-Verwertung in den Mitochondrien durch Giftstoffe (z.B. Blausäure)

Infolge einer erniedrigten Sauerstoffverfügbarkeit werden in der Zelle Schutzproteine hochreguliert: die Hypoxie-induzierbaren Faktoren (HIF). HIF-α-Untereinheiten akkumulieren, abhängig vom betrachteten Gewebe, bereits deutlich bei einem pO_2 zwischen 10 - 20 mmHg [1; 2]. Der genaue kritische Wert für den Sauerstoffpartialdruck ($pO_{2krit.}$), der zur hypoxischen Induktion von HIF und anderen molekularen Mediatoren führt, ist dabei zellspezifisch. Die mitochondriale Aktivität ist erst bei einem pO_2 unter 0,5 mmHg eingeschränkt [3].

HIF nehmen eine zentrale Rolle in der Adaptation und Reaktion auf erniedrigte Sauerstoff-Verhältnisse in den Zellen von Metazoen ein, da sie u.a. Prozesse aktivieren, die zu einer verbesserten Sauerstoffversorgung des Gewebes führen [4]. Hierzu zählen die erhöhte Expression des vaskulären endothelialen Wachstumsfaktors (VEGF) und des blutbildenden Hormons Erythropoietin (EPO). Aber auch in Zellen, die kein EPO produzieren, ist HIF in Hypoxie hochreguliert - ein Hinweis darauf, dass HIF zudem weitreichender in die hypoxische Genregulation eingreifen.

Aktive HIF-Proteine bestehen aus zwei Untereinheiten: einer Sauerstoff-labilen α-Untereinheit (~120 kDa Molekülmasse) und einer konstitutiv exprimierten β-Untereinheit (Aryl Hydrocarbon Receptor Nuclear Translator; ARNT; ~80 kDa) [5]. Für die HIF-α-Proteine wurden drei Isoformen identifiziert (HIF-1α, HIF-2α und HIF-3α), die eine starke Homologie untereinander aufweisen. Dabei gilt HIF-1α als Hauptregulator der sauerstoffabhängigen Genregulation.

HIF-2α wurde zuvor auch als endotheliales PAS-Protein (EPAS1) beschrieben und unterscheidet sich in den Expressionsmustern im Gewebe von HIF-1α [6; 7]. HIF-3α ist, im Vergleich zu den anderen beiden HIF-α Untereinheiten, um eine transkriptionelle Aktivierungsdomäne verkürzt [8]. In der menschlichen Niere wirkt es inhibitorisch auf die Hypoxie induzierte Genexpression [9].

Der Transkriptionsfaktor HIF-1 zeigt eine hohe Konservierung in den verschiedensten Gewebetypen von Mensch, Maus und Ratte. Studien an HIF-α defizienten Mausembryonen zeigten, dass HIF-1α und HIF-2α u.a. essentiell für die postnatale Reifung sind [10]. Ein Knockdown von HIF-1α in Nagern ruft schwere Missbildungen in der Embryonalentwicklung hervor [10].

Einleitung

In den meisten Zellen ist stets eine gewisse Grundaktivität von HIF-1α auch in Normoxie nachweisbar. Diese ist nötig für die Aufrechterhaltung der Expression von Genen, die am Energiestoffwechsel der Zelle und der allgemeinen Zellfunktion beteiligt sind [10].

1.2.2 Struktur und Regulation von HIF

Die Hypoxie-induzierbaren Faktoren gehören zu Superfamilie der Basic Helix-Loop-Helix/Per-ARNT-Sim (bHLH-PAS)-Proteine, einer Familie von Transkriptionsfaktoren. Am N-Terminus von HIF-1 sorgt der bHLH-Abschnitt für die Bindung an Hypoxie-responsive Elemente (HRE) der DNA (Desoxyribonukleinsäure). Die sich anschließende PAS-Domäne dient der Dimerisierung der Untereinheiten. Es folgt eine N-terminale transaktivierende Domäne (NTAD). Diese geht in die Sauerstoff-abhängige Degradations-Domäne (ODD-Domäne) über [5]. Bei Anwesenheit von genügend Sauerstoff werden die in der ODD enthaltenen Proline (Pro402 und Pro564) durch HIF Prolylhydroxylasen (PHD1, 2, 3) hydroxyliert [11]. Weitere essentielle Faktoren für die enzymatische Aktivität der PHD sind, neben Sauerstoff, Eisen(II), Askorbat und α-Ketoglutarat.

HIF-1α und HIF-2α verfügen weiterhin über eine C-terminale transaktivierende Domäne (CTAD). Diese kann Ko-Aktivatoren wie p300 und CBP (cAMP Response Element Binding Protein) binden. Durch Hydroxylierung des darin enthaltenen Asparagins (Asn803 in HIF-1α) durch die Asparaginylhydroxylase (Factor Inhibiting HIF; FIH-1) in Anwesenheit von Sauerstoff kann die Bindung der Ko-Faktoren verhindert und somit die HIF-1α bzw. -2α Proteine inaktiviert werden. Für HIF-3α wird eine negativ regulierende Funktion vermutet, da zwar eine DNA-Bindung, aber keine Ko-Aktivatorrekrutierung stattfinden kann [12].

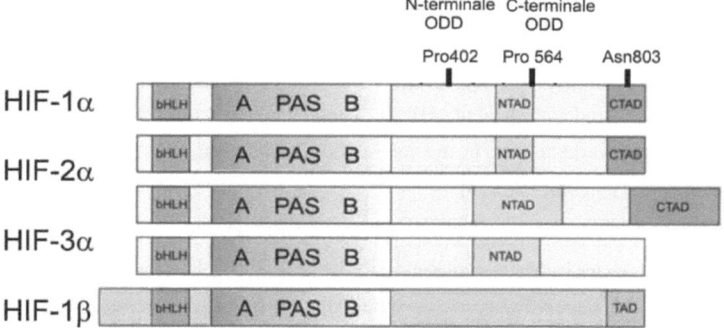

Abbildung 1: Schematische Darstellung der regulatorischen Abschnitte der HIF-α Isoformen und von HIF-1β (modifiziert nach Lisy und Peet, 2007 [13]).

Nach Hydroxylierung können die HIF-α-Untereinheiten durch das Tumorsuppressor-Protein von-Hippel-Lindau (pVHL) erkannt, ubiquitinyliert und in den Proteasomen abgebaut werden [14]. HIF-1α besitzt dadurch bei vollständiger Aktivität der PHD und FIH-1 eine Lebenshalbzeit von nur 5-8 Minuten [15].
Nach Stabilisierung von HIF-1α durch PHD-Inhibierung oder andere Mechanismen, die im Späteren noch erläutert werden, kommt es zu einer Translokation des Proteins vom Zytoplasma in den Zellkern aufgrund des im Molekül enthaltenen nukleären Lokalisations-Signals (NLS) [16]. Dort findet die Bildung des aktiven HIF-1-Transkriptionsfaktors durch Dimerisierung mit HIF-1β (ARNT) und Bindung weiterer Ko-Faktoren wie CREB (cAMP Response Element-binding) und p300 statt. Der Komplex bindet dann spezifisch an eine Basensequenz im Promotor oder Enhancer Bereich sauerstoffabhängiger Gene [5].

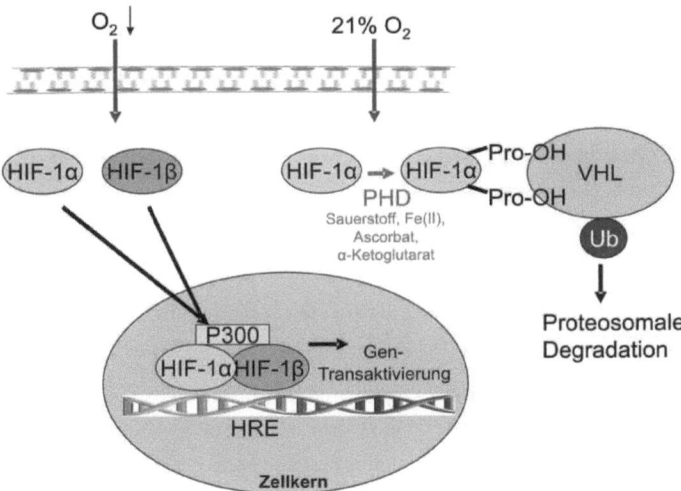

Abbildung 2: Regulation des Hypoxie-induzierbaren Faktors HIF-1 unter Hypoxie und Normoxie (modifiziert nach Carroll et Ashcroft, 2005 [17]).

Prinzipiell unterscheidet man zwei Formen von Hypoxie, die zur Akkumulation von HIF-α führen: kontinuierliche (chronische) und zyklisierende (intermittierende) Hypoxie.
Dabei scheint die sich zyklisch verändernde Hypoxie eine robustere HIF-Aktivierung hervorzurufen sowie die Metastasierung stärker zu fördern als kontinuierliche Hypoxie [18].
Die sich zyklisch verändernde Hypoxie ist charakterisiert durch kurze hypoxische Phasen gefolgt von Phasen der Reoxygenierung. Auf zellulärer Ebene entsteht eine zyklisierende Hypoxie bei Tumoren, deren Sauerstoffversorgung in Intervallen von 30 min bis 24 h stark

fluktuiert [19]. Infolge von zyklisierender Hypoxie werden verstärkt, vermittelt über die Nicotinamid-Adenin-Dinukleotid-Phosphat (NADPH) Oxidase, reaktive Sauerstoff-Spezies (ROS) und reaktive Stickstoff-Spezies generiert. Diese wiederum induzieren die Proteinkinase C (PKC), welche dann die PHDs inhibiert. Weiterhin fördert die Induktion der PKC über mTOR (Mammalian Target of Rapamycin) die Synthese von HIF-1α [4].

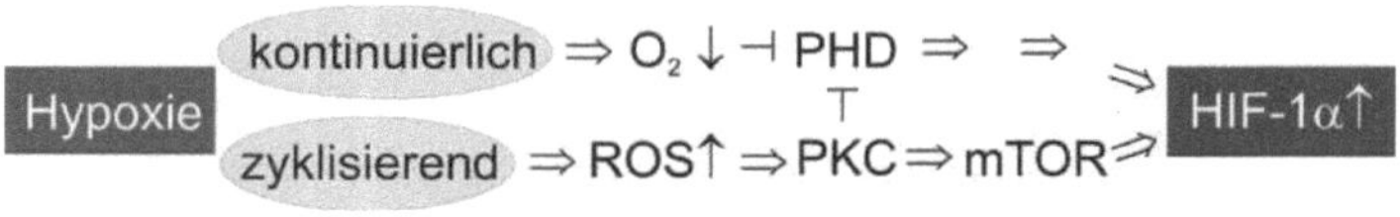

```
                kontinuierlich ⇒ O₂↓ ⊣ PHD ⇒     ⇒
  Hypoxie                              ⊤              ⇾  HIF-1α↑
                zyklisierend  ⇒ ROS↑ ⇒ PKC ⇒ mTOR ↗
```

Abbildung 3: HIF-1α-Induktion durch kontinuierliche und zyklisierende Hypoxie.

Das Vorhandensein von ROS und anderen freien (Stickstoff-)Radikalen kann also ebenso zur Stabilisierung von HIF-1α beitragen wie Hypoxie [20]. Zu den ROS zählt u.a. das Superoxid-Anion (O_2^-). Dieses wird durch die Superoxid-Dismutase (SOD) in Wasserstoffperoxid (H_2O_2) umgewandelt.

Ein diskutierter Mechanismus zur Stabilisierung von HIF-α durch ROS ist, dass sich bei Hypoxie normalerweise viele ROS in den Mitochondrien ansammeln. Diese gesteigerte Akkumulation von Radikalen in den Mitochondrien stellt demnach gewissermaßen einen „Sensor" für die Sauerstoffversorgung dar. Wenn nun aus anderen Gründen auch in Normoxie viele ROS anfallen, wie beispielsweise nach Bestrahlung, dann ruft dies einen ähnlich HIF-α-stabilisierenden Effekt wie Hypoxie hervor [20].

Neben dem verminderten Sauerstoffpartialdruck in Hypoxie können aber auch andere Faktoren HIF-α unter normoxischen Bedingungen stabilisieren. Hierzu zählen exogen zugeführte Substanzen wie PHD-Inhibitoren (Kobalt, Nickel, Desferrioxamin (DFO), Ciclopirox, N-Oxalylglycin) oder körpereigene Wachstumsfaktoren wie Zytokine und andere Signalmoleküle, die in der Lage sind, die Translation von HIF-1α zu steigern [21].

1.2.3 Aktivierung Hypoxie- bzw. HIF-assoziierter Gene

Hypoxie ist ein Stimulus der Genexpression. Es gibt mehr als 100 Gene, welche im speziellen durch HIF hochreguliert werden können. HIF-responsive Gene enthalten eine oder mehrere HREs in deren DNA-Sequenz [22]. Diese befinden sich in der Enhancer-Region von Genen, welche z.B. die Sauerstoff-Bereitstellung über gesteigerte Angiogenese durch VEGF und bFGF (Basic Fibroblast Growth Factor), eine erhöhte Erythrozyten-Produktion durch Erythropoietin oder einen verbesserten Eisentransport durch Transferrin gewährleisten [23].

Wichtig ist anzumerken, dass die durch VEGF gebildeten Gefäße insbesondere in Tumoren eine anormale Struktur aufweisen und oftmals nicht ausreichen, um eine vollständige (Re-)Oxygenierung des Tumors zu bewerkstelligen [24]. Diese pathologische Gefäßstruktur scheint die Tumor-Metastasierung sogar zusätzlich zu unterstützen.

Als Reaktion auf Hypoxie werden weiterhin adaptive Prozesse wie Glykolyse und Angiogenese in Gang gesetzt sowie die Expression von Überlebens-Faktoren induziert [25]. Hierzu zählen u.a. die Induktion von Genen, welche an der Adaptation an erniedrigte Sauerstoffverhältnisse über eine Verschiebung des Energie-Stoffwechsels von oxidativer Phosphorylierung zur anaeroben Glykolyse (Glukose-Transporter (GLUT-1, GLUT-3), Laktatdehydrogenase A (LDHA), Phosphoglyzerat Kinase (PGK-1)) beteiligt sind [10]. Weitere HIF-Zielgene sind u.a. die Zellproliferation fördernde Wachstumsfaktoren (Insulin Like Growth Factor (IGF-2), Transforming Growth Factor (TGF-α/β), Fibroblast Growth Factor-2 (FGF-2)), die den pH-Wert regulierende Karboanhydrase-IX (CA-IX) sowie weitere Transkriptionsfaktoren [24; 26; 27]. Eine Auswahl von HIF-Zielgenen ist in Abbildung 4 zusammengestellt.

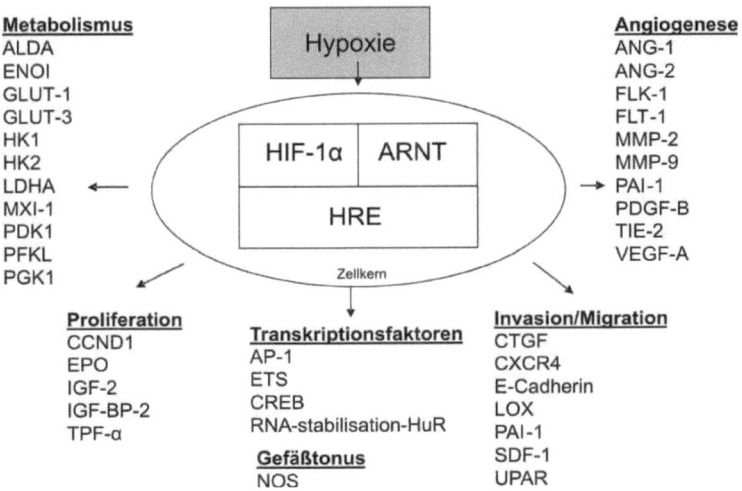

Abbildung 4: HIF-1 regulierte Genexpression (modifiziert nach Rankin und Giaccia, 2008 [26]).

Trotz ihrer Ähnlichkeit bezüglich der Proteinsequenz unterscheiden sich die HIF-Mitglieder HIF-1α und HIF-2α in ihrer mechanistischen Wirkung und aktivieren teilweise auch verschiedene Zielgene [28-33].

Einleitung

Die Expression von Genen, die für glykolytische Enzyme kodieren, werden fast ausschließlich durch HIF-1α reguliert [29]. Im Gegensatz dazu wird das Erythropoietin-Gen maßgebend durch HIF-2α unter hypoxischen Bedingungen aktiviert [34]. Zudem konnten weitere HIF-2α spezifische Gene gefunden werden, die auf eine große Bedeutung auch der HIF-2α-Isoform für die hypoxische Genregulation hindeuten [35]. So fand man heraus, dass HIF-2α die entscheidende HIF-Isoform in Bezug auf die Ausbildung besonders aggressiver Nierenzellkarzinome, Lungenkarzinome und Neuroblastome darstellt [36; 37]. HIF-2α scheint zudem wesentlich am Umbau des vaskulären Netzwerkes beteiligt zu sein [38].
Weiterhin sind Unterschiede in der HIF-α Stabilisierung in abgestuften Sauerstoffverhältnissen innerhalb verschiedener Zelllinien zu erkennen [39]. Während HIF-2α Proteinspiegel über einen längeren Hypoxie-Zeitraum ansteigen und auch länger erhöht bleiben, erreichen die HIF-1α-Proteinspiegel bereits nach wenigen Stunden ihr Maximum und fallen aufgrund eines Feedback-Mechanismus danach wieder ab [37]. In Normoxie ist eine stärkere basale Grundaktivität von HIF-2α im Vergleich zu HIF-1α nachweisbar. Ursache hierfür ist, dass HIF-1α effektiver durch FIH-1 hydroxyliert und abgebaut werden kann [40].

1.2.4 Rolle von HIF in Tumoren

Das Wachstum solider Tumoren erfordert die Ausbildung eines vaskulären Systems, um eine ausreichende Nährstoffversorgung des Tumors zu ermöglichen. In Tumoren > 1 mm³ bilden sich daher häufig mit Sauerstoff unterversorgte Regionen, da oftmals ein Missverhältnis aufgrund inadequater Gefäßbildung gegenüber dem schnellen Wachstum des Tumors entsteht. Eine solche Hypoxie kann in 50 % aller solider Tumoren nachgewiesen werden und korreliert zudem invers zur Prognose, Behandelbarkeit des Tumors und Überlebensdauer des Patienten [25; 41].
Es können im Genaueren drei Ursachen für eine Sauerstoffunterversorgung von Tumorgeweben erkannt werden. Diese sind a) eine limitierte Perfusion des Gewebes durch Unregelmäßigkeiten in den Tumor-Mikrogefäßen, b) eine Diffusions-limitierte O_2-Versorgung aufgrund einer Entfernung > 70 μm zu den Gefäßen und c) eine vorliegende Anämie, hervorgerufen durch den Tumor oder dessen Behandlung [24]. Durch den reduzierten Sauerstoff-Partialdruck im Tumorgewebe kommt es zur Sekretion proangiogener Wachstumsfaktoren, die eine tumorinduzierte Neoangiogenese bewirken sowie zur Anpassung an die intratumorale Hypoxie durch Stabilisierung und Überexprimierung von HIF-1α [42]. HIF-1 trägt dadurch positiv zur Tumorprogression bei.

HIF-1α ist zudem in einem Großteil humaner Tumoren überexprimiert und gilt daher als Marker für eine schlechte Prognose [43]. HIF-1α Protein kann durch Hypoxie-unabhängige Faktoren wie den Verlust von Tumorsuppressoren wie pVHL oder p53 und Onkogenen konstitutiv hochreguliert sein [44-46]. Eine Zusammenfassung der Faktoren zur HIF-α-Induktion zeigt Abbildung 5.

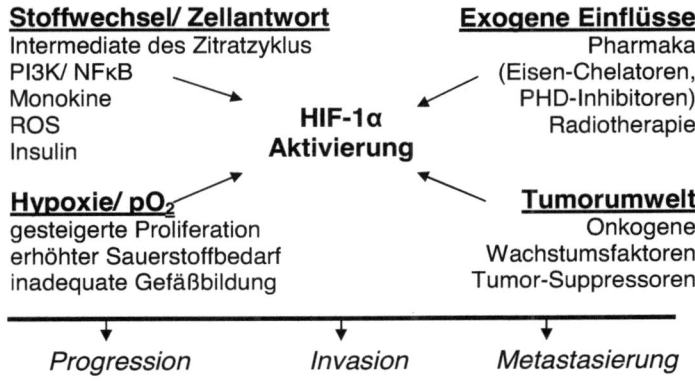

Abbildung 5: HIF-1α-Aktivierung in (malignen) Geweben (modifiziert nach Weidemann et al., 2008 [47]).

Eine gesteigerte HIF-α-Expression in Geweben ist assoziiert mit Chemo- und Radioresistenz, genetischer Instabilität, maligner Progression, verstärkter Invasion und Metastasierung, Ausbildung eines aggressiven Phänotyps sowie verminderter Therapierbarkeit [25; 48-52]. Durch die bei Hypoxie auftretende genetische Instabilität, d.h. durch das gehäufte Auftreten von Mutationen, setzt eine klonale Selektion ein, die eine maligne Progression hervorrufen bzw. das Wachstum und die Metastasierung bereits bestehender Tumoren fördern kann [53].

1.3 HIF-Modulation durch synthetische Substanzen als Therapieansatz

1.3.1 HIF-Knockdown mittels RNA-Interferenz (RNAi)

Es sollte hier bestätigt werden, dass eine pharmakologische Inhibition des Transkriptionsfaktors HIF-1 Verbesserungen für die Strahlentherapie erbringen kann. Dafür wurde die Methode der RNA (Ribonukleinsäure)-Interferenz (RNAi) angewandt, deren Wirkungsweise im Methodenteil genauer dargestellt ist.

Einleitung

1.3.2 Sauerstoff-unabhängige HIF-Stabilisierung durch α-Ketoglutarat-Inhibitoren

Nicht nur eine Hemmung von HIF zur Strahlensensibilisierung von Tumorzellen, sondern auch eine Stabilisierung von HIF zur Induktion der endogenen EPO-Produktion kann therapeutisch sinnvoll sein. Hypoxie und HIF sind die Hauptregulatoren der EPO-Hormonproduktion [54]. Die Hochregulation des Glykoproteins und damit die gesteigerte Erythrozyten-Produktion ist beispielsweise indiziert bei Patienten, die aufgrund einer Chemotherapie unter anämischen Symptomen leiden oder auch bei chronisch Nierenerkrankten.

Die Stabilisierung der HIF-α Untereinheiten in Normoxie kann u.a. durch α-Ketoglutarat (α-KG)-Inhibitoren erreicht werden, denn α-KG ist essentieller Ko-Faktor der HIF-Prolylhydroxylasen (Abb. 6).

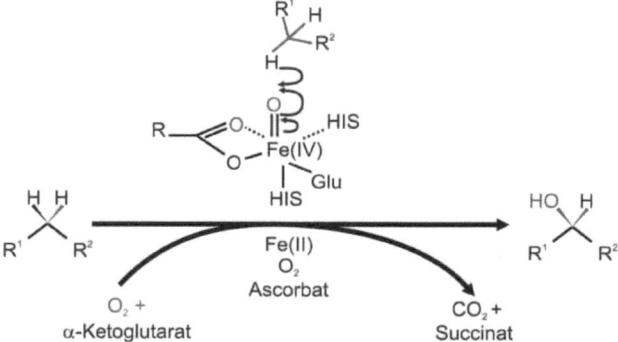

Abbildung 6: Schematische Darstellung der katalytischen Oxidation mit einer α-Ketoglutarat-abhängigen Oxygenase.

Eine Reihe weiterer potenter HIF-Induktoren, die meist nur eine geringe Molekülgröße aufweisen, wurden bereits identifiziert [55]. In diesem Projekt sollte am Beispiel der Substanz 2,4-Pyridin-dikarbonsäure-di-tert-butyroyloxy-methyl-ester (^{t}Bu-2,4-PDC) dargelegt werden, dass sich die Gabe von α-Ketoglutarat-Analoga als positiv für die Therapie von Anämien erweisen sein kann, jedoch deren Einsatz als nachteilig bei gleichzeitiger Behandlung mit ionisierender Bestrahlung zu bewerten ist.

1.4 Natürliche HIF-Inhibitoren

1.4.1 Struktur und direkte Wirkung von Flavonoiden auf zelluläre Signalwege

Flavonoide gehören zur Gruppe der natürlich vorkommenden Polyphenole. Sie weisen ein großes Spektrum an pharmakologischen und biochemischen Eigenschaften auf, wie das Abfangen von Radikalen oder die Modulation der Aktivität der Enzyme des Fremdstoffmetabolismus - alles Reaktionen, die der Krebsentstehung entgegenwirken. Diese antikanzerogenen Eigenschaften der Substanzklasse sind auf deren Struktur und die damit verbundene biologische Aktivität zurückzuführen. Eine Rolle dabei spielen u.a. das im Molekül enthaltene Benzopyran mit dessen Doppelbindung an C2-C3 sowie die Seitenkette, bestehend aus einem Phenyl-Ring, der Metall chelatierende Eigenschaften aufweist [56; 57].

Direkte Wirkung von Flavonoiden auf HIF

Es gibt Untersuchungen, dass verschiedene Pflanzeninhaltsstoffe einerseits induzierend, andererseits aber auch hemmend auf HIF wirken können. Eine Auswahl ist in Tabelle 2 aufgeführt.

Tabelle 2. Wirkung verschiedener Pflanzeninhaltsstoffe auf HIF.

Wirkstoff	extrahiert aus	untersucht an	HIF-1α	Literatur
Ginsenosid Rg1	Ginseng	Neurone	↑	[58]
Paclitaxel	Pazifische Eibe	Lungenkrebs	↑	[59]
Radix Rhodiolae Extrakt	Rosenwurz	Myokardinfarkt	↑	[60]
Arecolin	Betel-Nuss	Orales Karzinom	↑	[61]
Ginkgolide	Ginkgo	Neurone	↑	[62]
Epigallokatechin-Gallat	Grüner Tee	Kolonkarzinom	↓	[63]
Daidzein, Genistein	Soja-Bohne	Prostatakarzinom	↓	[64]
Grapefruitkern-Extrakt	Grapefruit	Glioma-, Mammakarzinom	↓	[65]
Resveratrol	Weinbeeren	Ovarialkarzinom	↓	[66]
Hesperidin	Zitrusfrüchte	Mastzellen	↓	[67]
Silibinin	Mariendistel	Zervix-, Leberkarzinom	↓	[68]
Lycopen	Tomaten	isoliertes Protein	↓	[69]
Kurkumin	Kurkuma	Leukämie	↓	[70]

Einleitung

Singh-Gupta et al. zeigten, dass ein strahlensensibilisierender Effekt durch die in der Sojabohne vorhandene Substanz Genistein in einer Prostata-Krebszelllinie erzeugt werden konnte, vermittelt durch die Inhibierung einer durch Bestrahlung hervorgerufenen HIF-1α Destabilisierung durch Genistein [64]. Auch bei Behandlung mit dem Flavonoid Kurkumin konnten strahlensensibilisierende Effekte auf eosinophilen Zellen nach Applikation beobachtet werden [70]. Daher galt es, in dieser Arbeit zu belegen, dass Genistein und Kurkumin über verschiedene Signalwege das klonogene Überleben von im Speziellen Leber- und Brusttumorzellen inhibieren können. Weiterhin bestand die Hypothese, dass diese Substanzen, durch Inhibierung der Aktivität der HIF-Proteine, ein radiosensitivierendes Potential aufweisen.

Einfluss von Flavonoiden auf Überleben/ Apoptose

Der beobachtete proapoptotische Effekt von Kurkumin und Genistein gibt Hinweis auf deren möglichen Einfluss auf für das Überleben von Tumorzellen wichtige Signalwege. Neueste Erkenntnisse deuten auf einen Zusammenhang zwischen dem Sensor-Protein PARP-1 (Poly [ADP-ribose] Polymerase 1) und die durch dieses Protein vermittelte Aktivierung von Überlebensfaktoren wie NFκB (Nukleärer Faktor κB) in Krebszellen hin [71; 72]. NFκB ist ein ubiquitärer Transkriptionsfaktor, der auf die Zellproliferation, den Zelltod und die Immunantwort regulierend einwirkt. In einigen Tumorzellen ist NFκB permanent aktiviert und beeinflusst so Signalwege, die für Tumorwachstum und -ausbreitung von Bedeutung sind. Daher sollte untersucht werden, ob Kurkumin und Genistein PARP-1 aktivieren bzw. NFκB inhibieren können und darüber ihre proapoptotische Wirkung entfalten. Des Weiteren sollte aufgezeigt werden, dass das Tumorwachstum zusätzlich durch p53-Aktivierung bzw. Induktion weiterer Apoptose-assoziierter Proteine nach Kurkumin- bzw. Genistein-Applikation gehemmt wird.

Rezeptor-Aktivierung durch Flavonoide

Es scheint, dass die Inkubation mit Kurkumin den estrogenen und karzinogenen Effekt von Xenobiotika durch Beeinflussung der Cytochrom (CYP) P450 Enzyme inhibieren kann [73; 74]. Kurkumin konkurriert möglicherweise mit Xenobiotika um die Bindungsstellen des AhR und verhindert so die Aktivierung des Estrogen-Rezeptors [74]. Der Einfluss von Kurkumin (und Genistein) auf die Rezeptor-Interaktion ist jedoch noch weitestgehend ungeklärt und sollte daher innerhalb dieses Projektes genauer untersucht werden.

1.4.2 Kurkumin – ein natürliches Chemotherapeutikum

Bei Kurkumin (1,7-bis(4-hydroxy-3-methoxyphenyl)-1,6-heptadiene-3,5-dione) handelt es sich um eine lipophile phenolische Substanz, welche aus der Wurzel der Gelbwurz/ Kurkuma (*Curcuma longa L.*; Familie der *Zingiberaceae*) extrahiert wird.

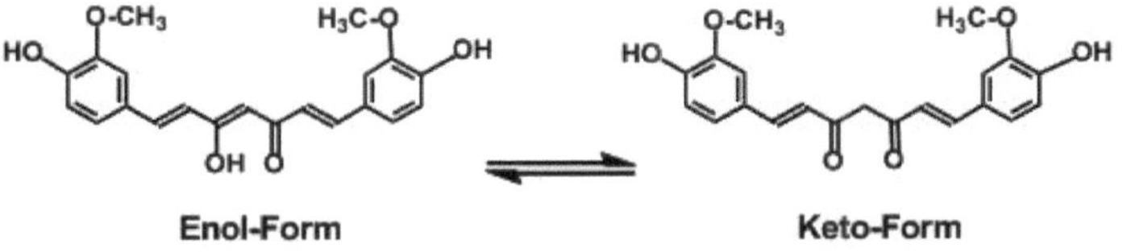

Abbildung 7: Strukturformel von Kurkumin.

Kurkumin wird aufgrund seiner entzündungshemmenden und antioxidativen Eigenschaften in der chinesischen Medizin traditionell seit Jahrtausenden eingesetzt, um verschiedene Krankheiten wie Husten, Leberleiden, bakterielle Infekte und Untergewicht zu behandeln. Weiterhin wirkt Kurkumin antimikrobiell und Tumor-hemmend [75-77].

Studien an Tieren konnten aufzeigen, dass diese Inhibierung auf Ebene aller drei Stadien (Initiation, Promotion und Progression) der Karzinogenese stattfindet und zwar durch die Modulation von Transkriptionsfaktoren und Zytokinen, dem Abfangen freier Radikale und der Induktion von Apoptose durch Supprimierung von z.B. AP-1 (Aktivator-Protein-1) [72; 76; 78]. Kurkumin greift daneben auch in Signaltransduktionswege der Zelle ein und beeinflusst so regulierende Proteine wie die induzierbare iNOS (Stickstoffmonoxid-Synthase), Akt, Ras (Rat Sarcoma), STAT (Signal Transducer and Activator of Transcription) und MMP-9 (Matrix Metalloproteinase-9) [72; 78]. Außerdem konnte durch die Analysen dieser Arbeit sowie Untersuchungen anderer Arbeitsgruppen gezeigt werden, dass Kurkumin zahlreiche weitere Transkriptionsfaktoren (HIF-α, NFκB), Zytokine (Interleukin 6/8), Proteinkinasen (Mitogen Aktivierte Protein Kinase, MAPK), Adhäsionsmoleküle (β-Catenin) und inflammatorische Enzyme wie die Glutathion-S-Transferase und Zyklooxygenase-1 und -2 (COX-1/2) beeinflusst [79]. Der Zelltod kann beispielsweise über die Induktion von Proteinen der Bcl-2 (B-cell lymphoma 2)-Familie oder auch über p53 bzw. p21 durch Kurkumin initiiert werden [80; 81].

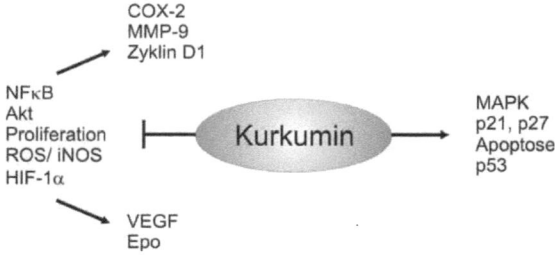

Abbildung 8: Proteinregulation durch Kurkumin.

Pharmakologische Studien haben bereits vielversprechende Ergebnisse beim Einsatz von Kurkumin gegen unterschiedliche Krebsarten und Herz-Kreislauf-Erkrankungen zeigen können [82; 83]. Die Behandlung mit Kurkumin inhibiert die Proliferation einiger maligner Zelltypen und unterdrückt die Angiogenese in bestimmten Tumoren [84; 84]. Vorangegangene klinische Studien demonstrierten, dass Kurkumin antiproliferative und proapoptotische Effekte auf bestimmte Krebsarten wie Bauspeicheldrüsenkrebs, Leberkrebs und Leukämie aufweist [85; 86]. *In vivo*-Studien an Ratten zeigten, damit einhergehend, dass eine Behandlung mit Kurkumin die Promotion/Progression von Kolonkarzinomen inhibieren und einen akuten Leberschaden verhindern kann [72; 86; 87].

Klinische Aufnahme-Studien mit 2-8 g Kurkumin am Tag beim Menschen, verabreicht über einen Zeitraum von drei Monaten, zeigten eine generell gute Verträglichkeit der Substanz mit keinerlei toxischen Effekten [88; 89]. Kurkumin ist im sauren Milieu des Magen-Darm-Traktes stabil. Die Absorption des Gewürzes über den Gastrointestinaltrakt beträgt allerdings weniger als 59 %. Betrachtet man die Körperverteilung von Kurkumin, so akkumuliert diese Substanz besonders in kolorektalem Gewebe und Gehirn [88; 90]. Kurkumin wird schnell metabolisiert oder in der Leber konjugiert - Prozesse, welche die systemische Bioverfügbarkeit der Substanz auf einige Stunden begrenzen. Nichtsdestotrotz konnten weitere Studien eine Assoziation von Kurkumin-Aufnahme und der Regression prämaligner Läsionen darlegen. Eine Reihe von klinischen Phase II und II Studien, zusammengestellt von Jurenka et al., untermauern das große Interesse an dem therapeutischen Potential von Kurkumin [82].

Beim klinischen Einsatz von Kurkumin ist dessen biologische Aktivität als Eisen-Chelator zu beachten [91]. In Mäusen resultierte die Gabe von Kurkumin in einer verminderten systemischen Eisenverfügbarkeit, die allerdings lediglich zu einer subklinischen Eisen-Defizienz führte und somit nur bei Patienten mit geringen Eisenspeichern oder Anämien eine Rolle spielen sollte [91].

1.4.3 Genistein – ein estrogen wirkendes Flavonoid

Die zwei vorherrschenden in der Sojabohne enthaltenen Isoflavone sind das Genistein und das Diadzein. Genistein wird im Organismus konjugiert und geht so teilweise auch in den enterohepatischen Kreislauf ein. In Geweben wie Brust, Eierstöcken, Uterus und Prostata ist diese Substanz hauptsächlich als Genistein-7-O-glucuronid nachweisbar, welches die biologisch wirksame Form darstellt.

Humanstudien konnten zeigen, dass durch eine kontrolliert verstärkte orale Aufnahme von Genistein/ Sojaprodukten Konzentrationen an Genistein in Brustgewebe erreicht wurden, die potentiell gesundheitlich positive Effekte erzeugen können [92]. Die orale Aufnahme von Genistein von 50 - 60 mg/ Tag resultierte dabei in einer Serum-Konzentration von 1 - 3 μM.

Die molekulare Struktur des Genisteins ist der der Estrogene sehr ähnlich. Es kann daher als partieller Agonist der Estrogen-Rezeptoren (ERα,β) agieren. Genistein hat eine 30fach höhere *in vitro*-Affinität zum Estrogen Rezeptor β (ERβ) im Vergleich zu Estrogen Rezeptor α (ERα). Der ERβ induziert Gene, welche an der negativen Regulation der Zellproliferation beteiligt sind und inhibiert so partiell die wachstumsfördernden Eigenschaften des ERα. Dies könnte eine mögliche Erklärung für die niedrigere Inzidenz an Brust- und Prostata-Krebs in Japan und China, also Ländern mit einem hohen Konsum an Soja-Produkten, im Vergleich zu Europa sein [93; 94]. Genistein gilt als krebshemmend in Bezug auf Brustkrebs [95].

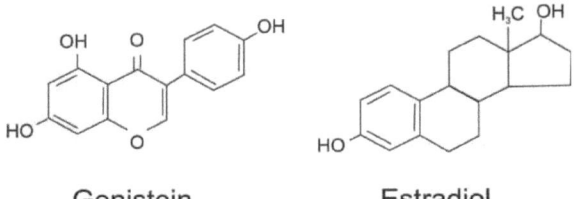

Abbildung 9: Strukturformeln des Isoflavons Genistein und, zum Vergleich, des Hormons Estradiol.

Dabei wirkt es anscheinend in niedrigen Konzentrationen (< 1 μM) durch seine agonistische Wirkung proliferationsfördernd, während es in höheren Konzentrationen (> 5 μM) Estrogen antagonistische Wirkungen entfaltet [96]. Estrogen ähnliche Effekte von Genistein stimulierten in Tierstudien das Tumorzellwachstum in beispielsweise Mäusen, jedoch bei Konzentrationen an Genistein, die beim Menschen rein über die Nahrungsaufnahme nicht erreicht werden können [97]. Einige zum Teil kontrovers diskutierte Wirkungen des Genisteins auf Zelltod und Strahlensensibiltät wurden in dieser Arbeit überprüft. Im Vordergrund dabei stand die Analyse HIF-assoziierter Mechanismen. Durch Untersuchung

einer Estrogen-abhängigen und einer Estrogen-unabhängigen Karzinomzelllinie konnten mögliche Einflüsse der Estrogen-Rezeptoren verdeutlicht werden.
Genistein kann weiterhin mit zahlreichen Rezeptoren, Enzymen und zellulären Signalwegen interagieren, wie in Abbildung 10 gezeigt.

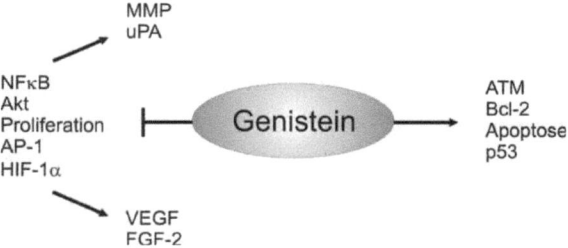

Abbildung 10: Proteinregulation durch Genistein.

1.5 Radiotherapie – Hintergründe zu Wirkmechanismen und Einflussfaktoren

1.5.1 Physikalische Mechanismen und zelluläre Antwort auf Bestrahlung

Um aufzuzeigen, welche Rolle dem Sauerstoff innerhalb der Tumorbehandlung mit ionisierender Strahlung zukommt, soll an dieser Stelle kurz auf die Hintergründe und Mechanismen einer Radiotherapie eingegangen werden.

Radiotherapie (oder Radioonkologie) ist die am häufigsten verwendete Behandlungsart für Krebs. Unter Radiotherapie versteht man den kurativen oder unterstützenden Einsatz ionisierender Strahlung zur Behandlung von malignen Zellen. Sie wird oftmals mit Operationen oder Chemotherapie kombiniert. Hauptziel ist die Beeinträchtigung bzw. Zerstörung der DNA durch Strangbrüche, Basenschäden und Störung von Wasserstoffbrücken und DNA-Protein-Vernetzungen, wie in Abbildung 11 schematisch dargestellt.

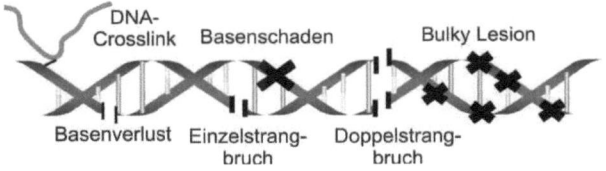

Abbildung 11: Mögliche DNA-Schäden nach Bestrahlung.

Die Strahlenenergie wird in Gray (Gy) gemessen. Im Allgemeinen ist der biologische Effekt proportional zur verabreichten Dosis. Als Dosis bezeichnet man die durch ionisierende Strahlung pro Masse deponierte Energie ($[D] = J/\,kg = 1$ Gy). Abhängig von Typ und Stadium des Tumors werden therapiebegleitend Dosen von 45-60 Gy gegeben, aufgeteilt in einzelne Fraktionen von ca. 2 Gy täglich. Je nach Art und Tiefe des Krankheitsherdes wählt man zwischen Strahlenarten bestehend aus Photonen, Elektronen, Protonen oder Neutronen. Zur Behandlung in tieferen Körperschichten sowie zur Untersuchung von Zellkulturmodellen werden die durch einen Linearbeschleuniger erzeugten ultraharten Röntgenstrahlen (Photonen) verwendet.

Direkter Wirkmechanismus der Strahlen ist die Ionisierung der Atome der DNA. Für die meisten Schäden an Biomolekülen ist jedoch eine indirekte Wirkung, nämlich die Radiolyse des Wassers verantwortlich. Hierbei kommt es zur Bildung freier (Hydroxyl-) Radikale und Peroxiden, die die DNA schädigen [98]. Die Peroxidbildung wird durch molekularen Sauerstoff begünstigt. Schon Anfang des 20. Jahrhunderts stellten u.a. Holthusen (1921) und

Petri (1923) fest, dass hypoxische Tumorzellen besonders Radio- und Chemotherapieresistent sind. Später definierte man dieses Phänomen als „Sauerstoffeffekt", der besagt, dass in hypoxischer Umgebung zwei- bis dreimal mehr Zellen nach Photonenbestrahlung überleben als unter normaler Oxygenierung [99; 100]. Diese Wirkung wird auch mithilfe des Sauerstoffverstärkungsfaktors (Oxygen Enhancement Ratio, OER = Strahlendosis unter anaeroben Bedingungen/ Strahlendosis unter aeroben Bedingungen) ausgedrückt. Ursache ist die Fixierung, d.h. permanente und irreparable Verankerung von durch freie Radikale verursachten DNA-Schäden durch Sauerstoff [101]. Molekularer Sauerstoff ist in der Lage, bis zu vier Elektronen zu akzeptieren. Das entstehende positive Redoxpotential ermöglicht die Reaktion mit anderen (Bio-)Molekülen. Auf diese Weise kann Sauerstoff auch mit den gebrochenen Enden der DNA reagieren und stabile organische Peroxide erzeugen, die die Zelle nicht effektiv reparieren kann.

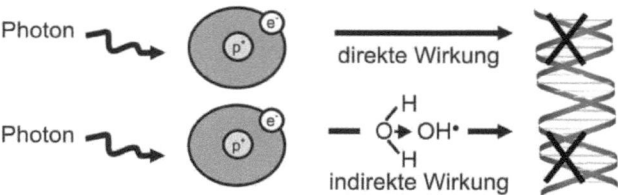

Abbildung 12: Direkte und indirekte Wirkungen einer Photonenbestrahlung (modifiziert nach Morgan, 2003 [102]).

Als Reaktion auf die Beschädigung der DNA durch ionisierende Strahlung bleiben der Zelle verschiedene Möglichkeiten, nämlich a) zu sterben, b) sich weiterhin zu teilen trotz der Schäden, c) einen Zellzyklus-Arrest einzuleiten oder d) DNA-Reparaturmechanismen zu aktivieren. Hauptsächlich gesunde, ausdifferenzierte Zellen sind in der Lage, DNA-Reparaturmechanismen, den sogenannten „DNA Damage Response" (DDR) einzuschalten (Abb. 8)[103; 104]. Als wichtige Transduktoren dieser Reaktion sind die Kinasen ATM (Ataxia Telangiectasia, mutated) und ATR (ATM- and Rad3-related) zu nennen [105].

Krebszellen jedoch sind eher undifferenziert und teilen sich schneller. Dadurch ist ihre Fähigkeit, DNA-Schäden zu reparieren, stark eingeschränkt. Die verbleibenden Schäden in der DNA werden dann bei Teilung weitergegeben, was ein vermehrtes Zellsterben und/ oder ein langsameres Wachstum zur Folge haben kann. Weiterhin sind Zellen in der späten S-Phase des Zellzyklus generell resistenter gegen Strahlung. Zellen in G2- und M-Phase sind strahlensensibler, da der Zeitraum für die Reparatur von DNA-Schäden bis zur nächsten Mitose stark eingeschränkt ist [106].

Einleitung

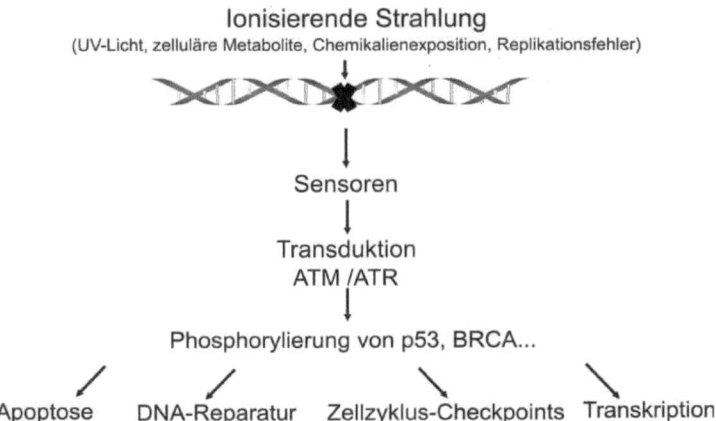

Abbildung 13: Signalkaskade des ‚DNA Damage Response'.

1.5.2 Biologische Mechanismen einer Strahlenresistenz

Bereits bei einem Abfall des pO_2 unter 25-30 mmHg vermindert sich die Effektivität einer Strahlenbehandlung. Erstmals zeigten Shrieve und Harris (1985), dass die Strahlenresistenz in Hypoxie nicht nur ein physikalisch-chemischer Mechanismus (Sauerstoffeffekt) ist, sondern auch biologische Effekte eine entscheidende Rolle spielen [107]. So hat beispielsweise die HIF-Funktionalität wichtigen Einfluss [108], wie im Folgenden dargestellt ist.

Durch das Absterben von Zellen kommt es bereits kurze Zeit nach Bestrahlung zu einer teilweisen Reoxygenierung, da die zuvor gut mit Sauerstoff und Nährstoffen versorgten Zellen Sauerstoff und Platz freigeben. Infolge dieser Tumor-Reoxygenierung nach Bestrahlung können sich die Gefäße wieder mehr ausbreiten und so einen besseren Blutstrom und damit eine bessere Nährstoffversorgung gewährleisten. Dadurch werden einige zuvor hypoxische Zellen wieder mit Sauerstoff versorgt und sensibler für die nächste Strahlenfraktion. Die Reoxygenierung führt jedoch nicht, wie zu vermuten wäre, zu einer überwiegenden Abnahme von HIF. HIF-1-Proteinspiegel steigen sogar 24 h nach einer Bestrahlung in Normoxie an. Ein Grund hierfür sind gespeicherte ‚Stress-Granula'. Gerät eine Zelle unter Stress, werden energiesparende Mechanismen, wie eine verminderte Proteinsynthese, induziert [109]. Dies geschieht u.a. über die Generierung von Stress-Granula, in denen mRNA und ribosomale Untereinheiten von Proteinen gespeichert werden, die für den Augenblick nicht unbedingt notwendig sind. Sobald sich die Stress-Situation verändert, depolymerisieren diese Granula und geben den Inhalt frei [110]. In Hypoxie werden ebenfalls solche Stress-Granula generiert, die dann nach Bestrahlung während der resultierenden Reoxygenierung zerfallen und so die Translation HIF-assoziierter Proteine steigern [111]. Bei Reoxygenierung nach Bestrahlung und gleichzeitig ausreichender Glukose-Verfügbarkeit wird die Synthese von HIF-1α zudem durch den mTOR-Signalweg ermöglicht, da hier ähnliche Verhältnisse wie bei der bereits beschriebenen zyklisierenden Hypoxie vorliegen [112]. Weiterhin führt die exzessive Anhäufung freier Radikale nach Bestrahlung zur Hochregulation von HIF sowie zur Schädigung von Gefäßen [51]. Ebenfalls entstehende reaktive Stickstoff-Spezies inhibieren zudem zelluläre Mechanismen wie die Aktivität der HIF-Prolylhydroxylasen, die normalerweise zum Abbau von HIF unter Normoxie führen [112; 113]. Dem entgegen führt die Anhäufung von NO in Hypoxie zu einer HIF-1 abhängigen gesteigerten PHD2 und PHD3 Expression und zu einer reduzierten HIF-1α-Akkumulation in Hypoxie [114]. Eine schematische Übersicht von Einflussfaktoren auf HIF-1α-Proteinspiegel zeigt Abbildung 14.

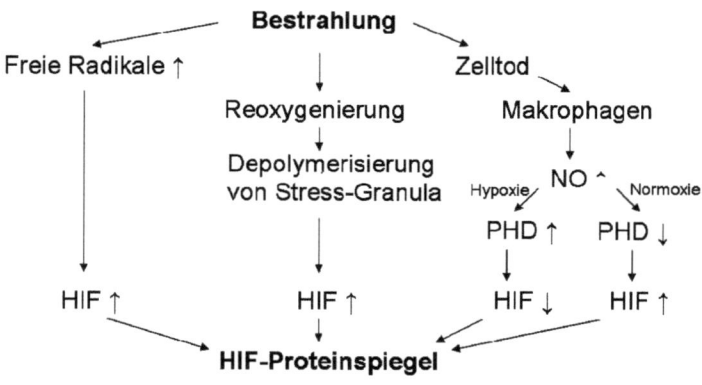

Abbildung 14: Effekte einer Bestrahlung auf HIF (modifiziert nach Dewhirst et al., 2007 [51]).

1.5.3 Die Rolle von HIF in der Strahlentherapie

HIF haben divergierenden Einfluss auf die Strahlensensitivität von Tumoren [115]. Eine Reihe von Studien belegten eine Verminderung der Radioresistenz nach HIF-Modulation [48; 108; 116]. Die Inhibierung von HIF bzw. VEGF bewirken eine Radiosensitisierung der Tumor-Blutgefäße. Experimentelle *in vivo*-Studien an Krebszellen zeigten zudem, dass Zellen, die kein funktionelles HIF-1α besitzen bzw. Tumor-Xenotransplantate aus HIF-1α defizienten Zellen nachweislich radiosensitiver reagierten als die entsprechenden HIF-1α exprimierenden Zellen [117].

Jedoch nicht alle HIF-vermittelten Effekte wirken radioprotektiv auf Tumorzellen, wie beispielsweise die Unterstützung von Proliferation, Angiogenese und Energiestoffwechsel oder auch die Aktivierung von p53 [118].

In Tumorregionen mit einer Unterversorgung sowohl an Sauerstoff als auch an Nährstoffen erhält HIF-1 die Teilungsfähigkeit dieser Zellen. Durch die HIF-vermittelte Umschaltung des Metabolismus auf Glykolyse wird die Verfügbarkeit von ATP für das Überleben der Zellen sichergestellt. In Bereichen, in denen alleinig ein Sauerstoffmangel vorherrscht, wie in in diesem Projekt untersuchten *in vitro*-Modellen, wird vornehmlich eine Zellzyklus-Blockade durch HIF erwirkt, vermittelt u.a. durch p21 und p27 [119].

HIF-1 kann zudem sowohl proapoptotisch als auch antiapoptotisch wirken. In bestrahlten Zellen wirkt das Protein anscheinend eher proapoptotisch durch Interaktion von HIF-1 mit p53 [118]. HIF-1 vermittelt die Phosphorylierung und somit Aktivierung von p53 und, dem nachgeschaltet, die Spaltung von Caspasen und Apoptose. Die divergierenden Mechanismen, induziert durch HIF, sind in Abbildung 15 gegenübergestellt.

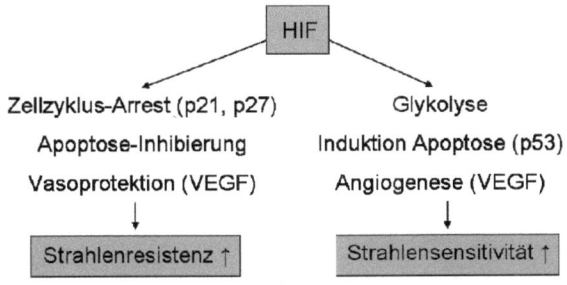

Abbildung 15: Divergierende HIF-vermittelte Mechanismen mit Einfluss auf die Radioresponsivität.

HIF-1 ist wahrscheinlich auch an der Reparatur von DNA-Doppelstrangbrüchen (DSB) beteiligt [117]. Für diese Funktion reicht bereits eine basale HIF-1α-Expression, wie sie auch in Normoxie vorhanden ist. HIF-1 scheint die DNA-PKcs (DNA-dependent Protein Kinase, Catalytic Subunit) zu regulieren und so positiv in die Mechanismen der DNA-Reparatur einzugreifen [120], was wiederum in einer erhöhten Chemo- bzw. Radioresistenz der Zellen resultiert. Mögliche weitere Ursache einer Radioresistenz ist eine Survivin-Expression in Hypoxie [121]. Das Survivin-Gen besitzt ein HRE in der Promotor-Region [122]. Dessen Expression korreliert daher mit der von HIF-1α.

Einleitung

1.6 Induktion von Zellstress und Apoptose durch Hypoxie und Bestrahlung

Bestrahlung, ungeachtet ob unter normoxischen oder hypoxischen Bedingungen, resultiert in verschiedenen zytotoxischen Effekten, die zahlreiche zelluläre Wege wie PI3K (Phosphatidylinositol 3-Kinase)-Promotion, endoplasmatisches Retikulum (ER)-Stress, p53 oder auch „Todesrezeptoren" beeinflussen und so zu Apoptose oder Autophagie führen [123]. All diese Wege sind miteinander verzahnt, sodass es zu einer Art Gleichgewicht kommt.

Eine Konsequenz von hypoxischem oder oxidativem Stress (z.B. nach Bestrahlung) ist die Aktivierung des endoplasmatischen Retikulums (ER), verursacht durch den sogenannten ER-Stress [124]. Charakteristisch hierfür ist das vermehrte Anfallen missgefalteter Proteine. Innerhalb der Kaskade des „Unfolded Protein Response" (UPR) kann entweder der Proteinmissfaltung entgegen gewirkt oder die Apoptose der Zelle eingeleitet werden [125]. Initial spielt das Chaperon BiP (Immunoglobulin Heavy Chain-binding Protein) eine entscheidende Rolle. Treten vermehrt missgefaltete Proteine auf, dissoziiert BiP von dessen Rezeptoren, bindet an die missgefalteten Proteine und induziert über PERK (RNA-like Endoplasmatic Reticulum Kinase) die translationelle Hochregulierung von ATF4 (Activating Transcription Factor 4, auch cAMP response element-binding protein 2, CREB2) [126]. ATF4 wird demnach durch Stress-Signale wie Hypoxie, verminderte Aminosäureverfügbarkeit und freie Radikale induziert [127]. ATF4 reguliert zudem die Expression verschiedener Gene, welche an Differenzierung, Metastasierung, Angiogenese und Hematopoiese beteiligt sind [126]. Aufgrund der beobachteten Aktivierung und Überexpression von ATF4 in hypoxischen Bereichen von Tumoren könnte dieser Faktor eine mögliche Rolle bei der Tumorprogression und der Chemo-/Radioresistenz spielen und wurde daher in die Untersuchungen dieser Arbeit mit einbezogen [127].

Ein weiterer zentraler Faktor, der über Leben und Tod der Zelle wacht, ist das Genregulator-Protein p53. Dieses wird u.a. infolge von DNA-Schädigungen aktiviert. P53 ist auch in vielen Typen entarteter Zellen hochreguliert. Dieser „Wächter des Genoms" ist in etwa der Hälfte aller Tumoren mutiert und trägt so zum unkontrollierten Wachstum der Zellen bei. Der Verlust der p53-Funktionalität aufgrund von Mutationen führt zu einer erhöhten Strahlenresistenz, da so ein wichtiger Initiator von Apoptose verloren geht [46].

Innerhalb der Apoptose-Kaskade ist ebenso die Funktion der Caspasen wichtig. Hierbei handelt es sich um eine Familie von Proteasen, die Proteine spalten und so an der Antwort auf schwere Beschädigungen innerhalb der Zelle beteiligt sind. Zum Auslösen von Apoptose werden Initiator-Caspasen (Caspase 8 und 9) aktiviert, die wiederum die pro-Form nachgeschalteter Effektor-Caspasen (Caspase 3, 7, 6) spalten [128]. Die Aktivität der

Caspasen 3/7 dienen daher als spezifischer Marker für die Aktivierung des programmierten Zelltods (Apoptose). Bei der Antwort auf DNA-Schäden spielt darüber hinaus das Enzym PARP-1 eine Rolle. Der proteolytische Abbau von PARP-1 durch Caspase-3 ist ein Zwischenschritt der Apoptose [128]. Die ebenfalls durch PARP-1 katalysierte Ribosylierung von Chromatinproteinen nach DNA-Strangbrüchen trägt zur DNA-Reparatur bei. Weiterhin induziert PARP-1 den Genschalter NFκB, welcher ebenfalls Mechanismen der DNA-Reparatur und der Immunantwort vermittelt. Abbildung 16 stellt den Zusammenhang zwischen den eben beschriebenen Transkriptionsfaktoren und Enzymen dar. All diese Signalmoleküle werden u.a. auch durch Hypoxie und die Pflanzenstoffe Kurkumin und Genistein in ihrer Aktivität beeinflusst, wie im Ergebnisteil dieser Arbeit zu erkennen sein wird.

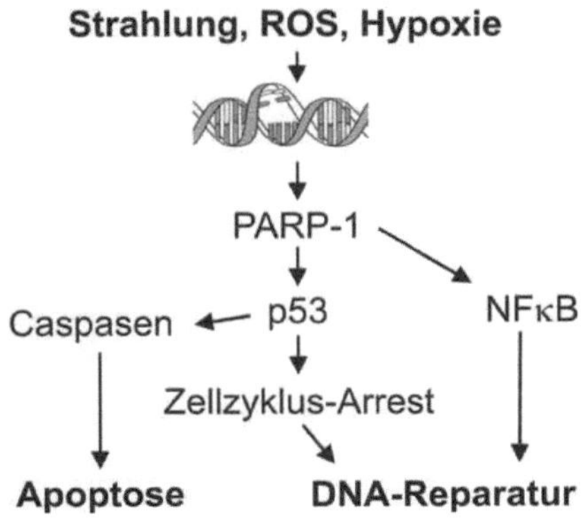

Strahlung, ROS, Hypoxie
↓
↓
PARP-1
↓ ↘
Caspasen ← p53   NFκB
│   ↓   │
│   Zellzyklus-Arrest
↓   ↘   ↓
Apoptose **DNA-Reparatur**

Abbildung 16: Signalkaskade nach Schädigung der DNA.

2. Material und Methoden

2.1 Materialien

Reagenzien/ Materialien

Accutase	PAA Laboratories GmbH, Paching, Österreich
AhR Antagonist	Merck KGaA, Darmstadt
Amersham ECL™	GE Healthcare Europe GmbH, München
Amersham Hyperfilm MP	GE Healthcare Europe GmbH, München
Ammonium persulfate	Sigma-Aldrich Chemie GmbH, München
β-Mercaptoethanol	Biomol GmbH, Hamburg
Caspase-Glo® 3/7 Assay Systems	Promega GmbH, Mannheim
Complete, Mini, EDTA-free	Roche Diagnostics GmbH, Mannheim
Coomassie®* Brilliant Blue G 250	SERVA Electrophoresis GmbH, Heidelberg
Kurkumin	Sigma-Aldrich Chemie GmbH, München
Custom RNA (siRNA HIF-1α,-2α)	Invitrogen GmbH, Darmstadt
DC™ Protein Assay	Bio-Rad Laboratories GmbH, München
Dimethyl sulfoxide	Sigma-Aldrich Chemie GmbH, München
Dinatriumhydrogenphosphat-Dihydrat	Carl Roth GmbH + Co. KG, Karlsruhe
Dual-Luciferase® Reporter Assay System	Promega GmbH, Mannheim
Essigsäure 100 %	Carl Roth GmbH + Co. KG, Karlsruhe
Ethanol 70 % vergällt	Carl Roth GmbH + Co. KG, Karlsruhe
Ethanol ROTIPURAN® ≥ 99,8%	Carl Roth GmbH + Co. KG, Karlsruhe
Fetal Bovine Serum (Gibco)	Invitrogen GmbH, Darmstadt
Formaldehydlösung 37 %	Carl Roth GmbH + Co. KG, Karlsruhe
FuGENE®HD	Roche Diagnostics GmbH, Mannheim
Genistein	Carl Roth GmbH + Co. KG, Karlsruhe
GIBCO® DMEM	Invitrogen GmbH, Darmstadt
GIBCO® RPMI	Invitrogen GmbH, Darmstadt
Harnstoff (UREA)	GERBU Biotechnik GmbH, Wieblingen
Hybond ECL Nitrocellulose Membrane	GE Healthcare Europe GmbH, München
IGEPAL® CA-630	Sigma-Aldrich Chemie GmbH, München
Imaging Plate 24 FC	zell-kontakt GmbH, Nörten-Hardenberg
Kaliumchlorid	Merck KGaA, Darmstadt
Kaliumdihydrogenphosphat	Merck KGaA, Darmstadt

L-Glutamine	PAA Laboratories GmbH, Paching, Österreich
Lipofectamine™ 2000	Invitrogen GmbH, Darmstadt
Lipofectamine™ RNAiMAX	Invitrogen GmbH, Darmstadt
Magermilchpulver	Sucofin, Zeven
Methanol	Carl Roth GmbH + Co. KG, Karlsruhe
MISSION shRNA	Sigma-Aldrich Chemie GmbH, München
Natriumchlorid	Carl Roth GmbH + Co. KG, Karlsruhe
N,N,N',N'-Tetramethylethylenediamine	Sigma-Aldrich Chemie GmbH, München
Nuclear Extract Kit	Active Motif SA, Rixensart, Belgien
Opti-MEM®	Invitrogen GmbH, Darmstadt
PageRuler™ Prestained Protein Ladder	Fermentas GmbH, St. Leon-Rot
Penicillin/Streptomycin	PAA Laboratories GmbH, Paching, Österreich
pGL4.32[luc2P/NF-κB-RE/Hygro] Vector	Promega GmbH, Mannheim
Pipetten	Eppendorf Vertrieb Deutschland GmbH Wesseling-Berzdorf
Pipettenspitzen	SARSTEDT AG & Co., Nümbrecht
pipetus®	Hirschmann Laborgeräte GmbH & Co.KG, Eberstadt
Puromycin	Merck KGaA, Darmstadt
Reaktionsgefäße	SARSTEDT AG & Co., Nümbrecht
Resorufin	TCI Deutschland GmbH, Eschborn
Resorufinethylether	Sigma-Aldrich Chemie GmbH, München
Rotiphorese® Gel 30	Carl Roth GmbH + Co. KG, Karlsruhe
Salzsäure 25%	Merck KGaA, Darmstadt
SDS granuliert reinst	AppliChem GmbH, Darmstadt
Thiazolyl Blue Tetrazolium Bromide	Sigma-Aldrich Chemie GmbH, München
TRIS-Hydrochlorid	Carl Roth GmbH + Co. KG, Karlsruhe
TRIS ultra pure	Biomol GmbH, Hamburg
Triton X-100	Merck KGaA, Darmstadt
Trypsin EDTA	PAA Laboratories GmbH, Paching, Österreich
TWEEN® 20 Detergent	Merck KGaA, Darmstadt
X-ray developer LX 24	Kodak GmbH, Stuttgart
X-ray AL4 fixer	Kodak GmbH, Stuttgart
Zellkultur – Plastik	Thermo Electron LED GmbH, Langenselbold

Material und Methoden

Zentrifugenröhrchen (Falcon™ -typ) BD Biosciences, Heidelberg
2-Propanol Carl Roth GmbH + Co. KG, Karlsruhe
3,3'-Methylene-bis(4-hydroxycoumarin) Sigma-Aldrich Chemie GmbH, München
3,4-Benzopyrene TCI Deutschland GmbH, Eschborn

Geräte

Axioplan 2 Imaging Carl Zeiss NV-SA, Zaventem, Belgien
Axiovert 25 Carl Zeiss NV-SA, Zaventem, Belgien
Cellometer® Auto T4 Nexcelom Bioscience. Lawrence, MA, USA
Consort E835 Power Supply Sigma-Aldrich Chemie GmbH, München
CO_2-Inkubator Heraeus® Fisher Scientific GmbH, Schwerte
EASIA®Shaker Medgenix Diagnostics, Brussels, Belgium
Flockeneisbereiter Scotsman AF-100 Scotsman Ice Systems, Mailand, Italien
Gase (N_2, CO_2, Druckluft) AIR LIQUIDE Deutschland GmbH, Düsseldorf
Invivo2 400 Hypoxie Workstation Ruskinn Technology Ltd, Bridgend, UK
Kühl-Gefrierkombination Siemens AG, München
Labor-Abzug Norddeutsche Laborbau GmbH, Kaltenkirchen
Laborwaage BP2100S, AC120S Sartorius AG, Göttingen
Mevatron 74 Siemens AG, München
Mini-Protean Electrophoresis System Bio-Rad Laboratories GmbH, München
Mithras LB 940 BERTHOLD TECHNOLOGIES GmbH & Co. KG, Bad Wildbad

Nunc Microflow Thermo Electron LED GmbH, Langenselbold
pH-Meter ph 523 WTW GmbH, Weinheim
Polymax 1040 - Plattformschüttler Heidolph Instruments GmbH & Co. KG, Schwabach
PowerPac 3000 Power Supply Bio-Rad Laboratories GmbH, München
RCT basic Magnetrührer IKA® Werke GmbH & Co. KG, Staufen
SemiDry Blotter Pegasus PHASE GmbH, Lübeck
SONOPULS Homogenisator BANDELIN electronic GmbH & Co. KG, Berlin
Spectra Rainbow Mikrotiterplatten Reader SLT-TECAN GmbH, Neustadt
Systec V150 Autoklav Systec GmbH, Wettenberg

Thermomixer comfort	Eppendorf Vertrieb Deutschland GmbH, Wesseling-Berzdorf
Tiefkälte-Lagertruhe KTL	Kryotec-Kryosafe GmbH, Hamburg
Trans-Blot SD Semi-Dry	Bio-Rad Laboratories GmbH, München
Ultra Clear Reinstwassersystem	VLM GmbH, Bielefeld
Wasserbad Thermomix BU	B. Braun Melsungen AG, Melsungen
Zentrifugen 5415R, 5810R	Eppendorf Vertrieb Deutschland GmbH Wesseling-Berzdorf

Software

AIDA Image Analyzer	Raytest, München
GraphPad InStat 3	GraphPad Software, La Jolla, CA, USA
Microsoft Office 2000	Microsoft Deutschland GmbH, Unterschleißheim
MikroWin 2000	BERTHOLD TECHNOLOGIES GmbH & Co. KG, Bad Wildbad
SigmaPlot 11.0	Systat Software GmbH, Erkrath

Material und Methoden

Zellkulturmodelle

Zur Untersuchung von physiologischen und pharmakologischen Vorgängen innerhalb der Zelle eines Gewebes eignen sich Zellkulturen, da hieran ausgewählte Parameter wie Nährstoffkonzentration und Gaspartialdrücke kontrolliert eingestellt und variiert werden können. Der Einfluss neuronaler und humoraler Signale kann zudem gezielt unterbunden werden. Dies erlaubt eine eindeutige Zuordnung der auftretenden Effekte nach Applikation von Reagenzien bzw. Pharmaka über das Zellkulturmedium. Die hier verwendeten Zelllinien wachsen als Monolayer.

HEK-293

"Human Embryonic Kidney"-Zellen (HEK-293) sind ein Transformationsprodukt einer menschlichen embryonalen Nierenzelle mit DNA-Teilen des menschlichen Adenovirus 5.

HeLa

Diese Epithelzellen eines humanen Zervixkarzinoms waren ursprünglich vom humanen Papillomvirus 18 befallen und entarteten u.a. durch die Inaktivierung des p53-Tumorsuppressors.

HepG2

Hierbei handelt es sich um eine humane Leberkarzinom-Zelllinie mit epithelialer Morphologie, die eine hohe morphologische und funktionelle Differenzierung *in vitro* aufweist.

Hep3B

Diese humanen Leberkarzinom-Zellen enthalten integriertes Hepatitis B-Virus-Genom, erzeugen aber, Untersuchungen zufolge, keine infektiösen Hepatitis B-Viren.

HRG-1/ HRB-5

Dieses sind mit einem Hypoxie-responsiven Luciferasegen enthaltendem Plasmid stabil transfizierte HepG2- bzw. Hep3B-Zellen.

MCF-7

Hierbei handelt es sich um eine humane Mamma-Adenokarzinomzelllinie. Diese Östrogen Rezeptor-positive Zelllinie ist ein etabliertes *in vitro*-Modell für östrogenabhängige Tumoren.

U2OS

Diese humane Osteosarkom-Zelllinie U2OS exprimiert Wildtyp p53 and Rb. U2OS Zellen weisen eine epithelartige adhärente Morphologie auf.

Small Interfering RNAs (siRNAs) und Short Hairpin RNAs (shRNAs)

siRNAs

HIF-1α   RNA-Stealth Custom-made synthetisiert durch Invitrogen
          sense   5'-AUAAUGUUCCAAUUCCUACUGCUUG
          antisense   5'-CAAGCAGUAGGAAUUGGAACAUUAU

HIF-2α   RNA-Stealth Custom-made synthetisiert durch Invitrogen
          sense   5'- CAGCAUCUUUGAUAGCAGUTT
          antisense   5'- ACUGCUAUCAAAGAUGCUGTT
          Silencer® Select siRNA ID: s4699 der Firma Applied Biosystems

shRNAs
Mission™ TRC shRNA Target Set NM_001530 HIF-1α der Firma Sigma

α-Ketoglutarat-Analogon

Die durch das Institut für Physiologie zuvor synthetisierte chemische Substanz 2,4-Pyridindikarbonsäure-di-tert-butyroyloxy-methyl-ester (^{t}Bu-2,4-PDC) ist ein selektiver α-Ketoglutarat-Kompetitor. Die Verbindung wurde aus 2,4-Pyridindikarbonsäure unter Zugabe von Pivalinsäurechlormethylester und Dimethylformamid, Erwärmung auf 60°C für 6 h, anschließender Inkubation bei Raumtemperatur für 18 h und finaler chromatografischer Aufreinigung synthetisiert. Durch die Veresterung wurde eine verbesserte Zellpermeabilität erreicht.

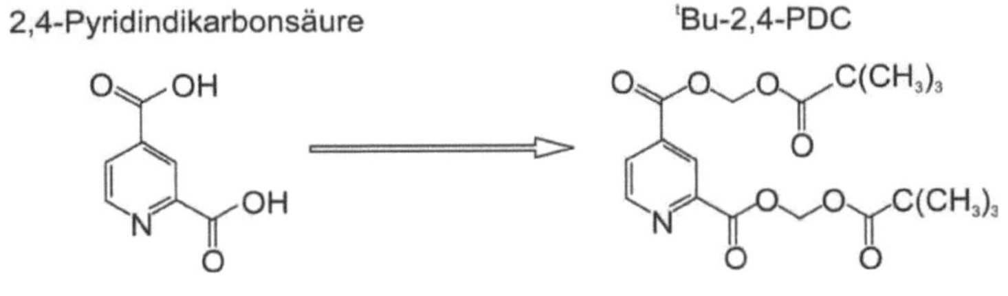

Abbildung 17: Strukturformeln von 2,4-Pyridindikarbonsäure und ^{t}Bu-2,4-PDC.

Material und Methoden

Vektoren

6 x HRE Luc

Für das 6 x HRE Luc Konstrukt wurde sechsmal die Sequenz von HRE mit der HIF-Bindestelle vor das Luciferase-Gen kloniert [129].

NFkB Luc (pGL4.32[luc2P/NF-κB-RE/Hygro] Vector)

Das Konstrukt NFkB Luc wurde von der Firma Promega (Mannheim) hergestellt.

Antikörper

Tabelle 3. Verwendete Antikörper – Hersteller und Anwendung.

Name	Hersteller	Kat.Nr.	Verdünnung
Actin	Santa Cruz	sc-1616	1:1000
AhR	Santa Cruz	sc-5579	1:1000
Anti-Histone H1.4	Sigma	H1.4	1:1000
ARNT	Novus	nb 2B10	1:4000
BiP	BD Transduction	610978	1:1000
CREB2	Santa Cruz	sc-200	1:1000
ERα	Santa Cruz	sc-8005	1:1000
Goat Immunoglobulins	Dako	P0449	1:1000
HIF-1alpha	BD Transduction	610959	1:1000
HIF-2alpha	R&D Systems	AF2886	1:2000
HIF-2alpha	Novus	nb 100-132	1:1000
Lamin	Santa Cruz	sc-6215	1:1000
Mouse Immunoglobulins	Dako	P0447	1:1000
p53	Cell Signaling	9282	1:1500
p53	Calbiochem	OP03	1:500
PARP-1/2	Santa Cruz	sc-7150	1:1000
PHD1	Novus	nb100-310	1:500
PHD2	Novus	nb100-138	1:500
PHD3	Novus	nb100-139	1:500
Rabbit Immunoglobulins	Dako	P0448	1:1000
Tubulin	Santa Cruz	sc-5286	1:1000

Medien und Puffer

Zellkultur-Medien

Zelllinien HeLa, U2OS, HEK-293, MCF-7:
DMEM (Dulbecco's Modified Eagle Medium)
10 % FKS (Fetales Kälber-Serum)
1% Penicillin/Streptomycin

Zelllinien HepG2, Hep3B, HRG-1, HRB-5:
RPMI 1640
10% FKS
1% Penicillin/Streptomycin

Puffer und Lösungen

PBS (Phosphate Buffered Saline):

Natriumchlorid (NaCl)	8 g/l
Kaliumchlorid (KCl)	0,2 g/l
Kaliumhydrogenphosphat	1 g/l
Natriumhydrogenphosphat	1,44 g/l

MTT-Assay

MTT:	5 mg/ml PBS
Lysepuffer:	0,7 % SDS in Isopropanol

Trypanblau-Test   2 % Trypanblau in PBS

UREA-Zelllysepuffer:

Glycerol	10 %
SDS (Natriumdodecylsulfat)	1 %
Dithiothreitol	5 mM
Tris pH 6,8	10 mM
UREA (Harnstoff)	6,7 M
Protease Inhibitor Cocktail	1:1000

RIPA-Zelllysepuffer:

Tris HCL pH 8,0	50 mM
NaCl	150 mM
SDS	0,1 %
Igepal	1 %
Deoxycholat	0,5 %
Protease Inhibitor Cocktail	1:1000

Trenngel (10 %)

Acrylamid	33 %
Tris-HCl (Salzsäure) pH 8,8	0,375 M
SDS	0,1 %
APS (Ammoniumpersulfat)	0,05 %
TEMED (Tetramethylethylenediamin)	0,05 %
ad Aqua bidest.	

Sammelgel

Acrylamid	13 %
Tris-HCl pH 6,8	0,125 M
SDS	0,1 %
APS	0,05 %
TEMED	0,001 %
ad Aqua bidest.	

2x Probenpuffer

Tris HCl	60 mM
Glycerol 87%	25 %
SDS	2 %
β-Merkaptoethanol	5 %
Bromphenolblau	0,1 %
ad Aqua bidest.	

Transferpuffer

Tris	25 mM
Glycin	192 mM
Methanol	20 % (v/v)
ad Aqua bidest.	

10x Laufpuffer

Tris	250 mM
Glycin	1,92 M
SDS	1 %
ad Aqua bidest.	

CytochromP450-Assay

Reaktionsmedium:

EROD (4 mM in DMSO)	0,16 mM
Dicoumarol (10 mM in DMSO)	0,01 mM
in Kulturmedium	

Standardreihe:

Resorufin	1 mM
in Reaktionsmedium	

Klonogener Assay

Fixierlösung:

Formaldehyd	3,7 % in PBS
Ethanol	70 %

Färbelösung:

Methanol	20 %
Eisessig	7,5 %
Coomassie G250	0,5 mg/ml
ad Aqua bidest.	

Material und Methoden

2.2 Zellkultur-/ molekularbiologische Methoden

2.2.1. Kultivierung von Säugerzellen

Alle verwendeten Zelllinien wurden in entsprechendem Medium im Brutschrank bei 37 °C unter 5 % Karbogen kultiviert und bei einer Konfluenz von ca. 80 % passagiert. Hierfür wurden die Zellen zweimal mit 10 ml PBS gewaschen und mit 2 ml Trypsin versetzt. Nach einer für jede Zelllinie spezifischen Inkubationszeit erfolgte die Resuspendierung der Zellen in 10 ml Kulturmedium. Nach Bestimmung der vitalen Zellzahl mittels Trypanblau-Test wurde ein geeignetes Aliquot (ca. 1 x 10^6 Zellen) auf 10 ml mit Medium aufgefüllt und erneut in T75-Zellkulturflaschen kultiviert bzw. in für die jeweiligen Versuche benötigten Zellkulturplatten umgesetzt.

Für die verschiedenen Versuche in Normoxie (21 % O_2) und Hypoxie (1 % O_2) geschah die Einstellung der entsprechenden Sauerstoffgehalte über die Atmosphäre im Inkubator. Die Sauerstoffversorgung der Zelle in Zellkultur erfolgt prinzipiell über Diffusion durch das Medium. Der perizelluläre Sauerstoffpartialdruck, resultierend aus der Menge an Sauerstoff (dU_{O2}), der pro Zeiteinheit (dt) durch das Medium auf die zelluläre Ebene diffundiert, ist dabei abhängig von der zur versorgenden Fläche (DA), dem Konzentrationsgradienten des Sauerstoffs (C_{Gas} und C_{Zelle}) und der Höhe des Zellkulturmediums (h) (in Anlehnung an das 1. Ficksche Gesetz) [130].

$$\frac{dU_{O2}}{dt} = -DA \frac{C_{Gas} - C_{Zelle}}{h}$$

Es ist bekannt, dass es in normoxisch inkubierten Zellen mit einem hohen Metabolismus und damit verbunden einem hohen Sauerstoffverbrauch, dennoch zu einer Hypoxie kommen kann, da die Sauerstoffversorgung durch Diffusion trotz Begasung mit 21 % O_2 nicht ausreicht. Dies würde die bereits beschriebene Induktion von Hypoxie-assoziierten Genen mit sich ziehen, was einen Vergleich tatsächlich normoxischer mit hypoxischen Zellen verhindern würde. Um konstante Bedingungen innerhalb der Versuche zu gewährleisten, wurde daher hier stets mit festgelegten, niedrigen Mediumvolumina/-höhen inkubiert, um eine möglichst geringe Diffusionstrecke des Sauerstoffs bei ausreichender Benetzung/ Nährstoffversorgung der Zellen zu erhalten. Weiterhin wurde mit subkonfluenten Zelldichten gearbeitet, um einen im Vergleich zur Sauerstoffbereitstellung durch das Medium zu hohen Sauerstoffbedarf der Zellen zu vermeiden. Für die klonogenen Assays unter normoxischen und hypoxischen

Bedingungen wurden die Zellen in Zellkulturplatten mit gasdurchlässigem Boden kultiviert. So konnte sichergestellt werden, dass der gewünschte Sauerstoffpartialdruck in kürzester Zeit eingestellt und selbst bei starkem Sauerstoffverbrauch der Zellen normoxische Verhältnisse gehalten werden konnten, da das Gas sowohl über Diffusion durch das Medium als auch durch direkten Kontakt über den Boden zu den Zellen gelangen konnte.

Eine wie in den vorliegenden Experimenten eingesetzte Sauerstoffkonzentration von 1 % (HOX) entspräche einem pO_2 von 7 mmHg.

2.2.2. Vitalitätstest (MTT-Assay)

Der gelbe Farbstoff MTT (3-(4,5-dimethylthiazol-2-yl)-2,5-diphenyl-tetrazolium Bromid) wird durch intrazelluläre Dehydrogenasen noch lebender Zellen in Formazan reduziert und kann in diesem Zustand die Zelle nicht mehr verlassen. Die Menge der entstandenen violetten Formazan-Kristalle kann, nach Lyse der Zellen mittels eines Isopropanol-SDS-Gemisches, quantitativ über Photometrie ermittelt werden.

Die MTT-Tests wurden im 96well-Plattenformat durchgeführt. Hierfür wurden die Zellen zunächst mit verschiedenen Substanzen über vier bis 72 vorbehandelt. Zusätzlich wurden Lösungsmittel-Kontrollen mitgeführt. Das Medium der Zellen wurde anschließend mit 25 μl der auf 37 °C angewärmten MTT-Lösung (5 mg/ml in PBS) versetzt und die Zellen eine Stunde bei 37 °C im Brutschrank inkubiert. Das Medium wurde danach sorgfältig entfernt. Es folgte die Lyse der Zellen in je 100 μl MTT-Lyse-Puffer fünf Minuten bei Raumtemperatur unter Schwenken. Die Messung des Gehaltes an Formazan geschah im ELISA-Reader bei einer Absorption von 570 nm. Die statistische Auswertung erfolgte mittels relativen Vergleichs der Messwerte gegenüber der Kontrolle in Prozent. Es resultierte eine Kurve der relativen Vitalität der Zellen in Prozent nach der Behandlung.

2.2.3 Transfektion

Die Transfektionen mit RNAiMax, Lipofectamine2000 (Invitrogen) und FugeneHD (Roche) wurden 24 h nach Aussaat der Zellen entsprechend der Empfehlungen des Herstellers nach folgendem Muster durchgeführt.

Tabelle 4. Transfektionsschemata.

RNA/DNA	Kulturgefäß	Zellzahl	Reagenz	µl	DNA	Dauer
HIF-1α (si)	6-well	$2\text{-}4\times10^5$	RNAiMAX	5	100 pmol	48 h
	24-well	$2\text{-}4\times10^4$	RNAiMAX	1	20 pmol	48 h
HIF-1α (sh)	24-well	$2\text{-}4\times10^4$	Lipofectamine2000	2,5	1 µg	24 h
HIF-2α (si)	6-well	$2\text{-}4\times10^5$	RNAiMAX	5	50 pmol	48 h
	24-well	$2\text{-}4\times10^4$	RNAiMAX	1	12,5 pmol	48 h
NFκB	24-well	$2\text{-}4\times10^4$	Fugene	0,5	200 ng	24 h
Importine	24-well	$2\text{-}4\times10^4$	Lipofectamine2000	1	20 pmol	48 h
PHDs	24-well	$2\text{-}4\times10^4$	Lipofectamine2000	1	20 pmol	48 h

Wirkungsweise von siRNA bzw. shRNA

Für die HIF-Untereinheiten spezifische Small Interfering RNA (siRNA) oder Short Hairpin RNA (shRNA) bieten die Möglichkeit, die Expression der Proteine zu inhibieren.

Bei der siRNA handelt es sich um kurze, einzelsträngige oder doppelsträngige Ribonukleinsäure-Moleküle. Diese siRNAs spielen im Rahmen der RNA-Interferenz in eukaryontischen Zellen eine wichtige Rolle bei der Regulierung der Genexpression. Durch die gezielte Abschaltung eines Gens mit Hilfe von siRNA kann die Funktion des von ihm kodierten Proteins untersucht werden. SiRNA wirkt als Bestandteil des RISC (RNA-induced Silencing Complex) und bestimmt so die Selektivität der Gen-Stilllegung. Der Leitstrang der interferierenden RNA bindet an eine komplementäre Nukleotidsequenz der Boten-RNA (messenger-RNA, mRNA) und führt so zu einem selektiven Abbau der mRNA oder einer selektiven Hemmung der Translation in ein Protein. Die shRNA ist in der Form ähnlich einer Haarnadel und dient ebenfalls dem Gene-Silencing mittels RNA-Interferenz. Der shRNA-Vektor benutzt den U6 oder H1 Promoter, um stabil exprimiert zu werden. Nach intrazellulärer Umwandlung in siRNA bindet die Sequenz ebenfalls an den RISC.

Für den Erhalt von stabilen HIF-1α-defizienten Zellen wurden diese mit shRNA transfiziert, mit Puromycin (2 µg/µl) selektiert, Einzelklone erzeugt und die Zellklone mit dem effizientesten Knockout ausgewählt.

2.2.4 Luziferase-Reportergen-Assay

Zur Analyse der HIF-1 Aktivität mittels Reportergen-Studien wurden HRG-1 und HRB-5 Zellen verwendet. Hierbei handelt es sich um mit einem Hypoxie-responsivem Luziferase-Plasmid stabil transfizierte HepG2- bzw. Hep3B-Zellen. Die Zellen wurden hierfür in 24well-Platten bis zu einer maximalen Konfluenz von 40 % kultiviert und vorbehandelt. Nach Waschen mit PBS und Lyse mittels 100 μl/ well Passive Lysis Buffer (Promega) wurde die Lumineszenz nach Zugabe des Luziferase-Puffers (Promega) im Micro Lumate (Berthold Technologies) gemessen und auf den Proteingehalt bezogen.

2.2.5 EROD-Assay

Der EROD (Ethoxyresorufin-O-deethylase)-Assay ist eine Methode zur Bestimmung der Cytochrom P450-Aktivität. Der Assay wurde grundlegend nach dem Protokoll von Lai et al. mit leichten Modifikationen durchgeführt [131]. Hierfür wurden Zellen in 96well-Zellkulturplatten kultiviert. Es erfolgte eine Vorbehandlung der verschiedenen Zelllinien. Nach Mediumwechsel gegen 100 μl des Reaktionsmediums wurden die Zellen 60 Minuten bei 37 °C und 5 % CO_2 unter Lichtabschluss inkubiert. 90 μl des Überstandes wurden in eine schwarze 96well-Kulturplatte überführt und die Menge an Resorufin anschließend fluorometrisch bei einer Anregung von 544 nm und einer Emission von 590 nm gemessen. Der Gehalt an Resorufin konnte anhand einer mitgeführten Kalibrierkurve ermittelt werden. Parallel dazu wurde die Proteinmenge mittels BCA-Assay bestimmt (unter proteinbiochemischen Methoden genauer ausgeführt). Aus der gebildeten Menge an Resorufin, der Proteinmenge und der Reaktionszeit wurde die EROD-Aktivität in pmol Resorufin/mg Protein/min errechnet.

2.2.6 Klonogener Assay (Clonogenic Survival Assay)

Zur Bestimmung des klonogenen Überlebens nach Vorbehandlung und Bestrahlung von Tumorzellen wurden diese in 24well-Platten kultiviert. Nach Vorbehandlung und Bestrahlung bei 2 - 6 Gy (Mevatron 74, Siemens) wurden die Zellen mit Accutase abgelöst, gezählt und 500 vitale Zellen in ein Well einer 6well-Platte überführt. Nach Inkubation über 12 Tage im Brutschrank wurden die gebildeten Kolonien mit PBS gewaschen, mit Formaldehyd (3,7 % in PBS, 10 min) und Ethanol (70 %, 10 min) fixiert und mit einer Coomassie G250-Lösung gefärbt. Zur Ermittlung des klonogenen Überlebens wurde die Anzahl der Kolonien der

Material und Methoden

unbestrahlten Kontrollen bzw. Behandlungen 100 % gesetzt und die ausgezählte Klonzahl nach Bestrahlung bei den unterschiedlichen Strahlendosen darauf bezogen (= normalisierte Daten).

2.2.7 Kurkumin-Aufnahmestudien

Um zu ermitteln, ob eine ausreichende Aufnahme des Kurkumins über das Medium in die Zellen erreicht werden konnte, wurden Aufnahmestudien durchgeführt. Hierfür wurden HepG-, Hep3B- und MCF-7-Zellen in 10cm-Kulturschalen angezüchtet, mit Kurkumin in verschiedenen Konzentrationen über vier Stunden vorbehandelt und anschließend mit Trypsin abgelöst. Nach Bestimmung der Zellzahl und des Proteingehaltes der Zellsuspension wurde diese bei 1000 rpm fünf Minuten zentrifugiert, der Überstand entfernt und das Pellet in 200 μl Ethanol resuspendiert. Zur Auftrennung der Zellen wurde die Suspension 20 Sekunden auf Eis geschallt und anschließend die Zelltrümmer durch Zentrifugation bei 10.000 rpm vom Überstand getrennt. Der Überstand enthielt so das in Ethanol gelöste Kurkumin, das sich zuvor in den Zellen befand. Durch Mitführung einer Standardreihe gelösten Kurkumins in Ethanol konnte die Absorption der Überstände bei 428 nm im Spektrometer ermittelt werden. Die errechnete Kurkumin-Konzentration wurde auf die eingesetzten Proteingehalte oder auf die Zellzahl bezogen, um einen Vergleich zwischen den verschiedenen Zelllinien zu ermöglichen.

2.3. Proteinbiochemische Methoden

2.3.1 Herstellung von Proteinextrakten und Proteinkonzentrationsbestimmung

Zur Gewinnung von Gesamtproteinextrakten wurden Zellen in entsprechenden Zellkulturgefäßen (10cm-Zellkulturschale oder 6well-Platte) kultiviert bzw. vorbehandelt und anschließend abgeschabt und mit PBS gewaschen. Nach Überführung in entsprechende Reaktionsgefäße und Zentrifugation bei 500 x g für 5 min wurde das Zellpellet in UREA-Lysepuffer (in Ausnahmefällen in RIPA-Lysepuffer) gelöst, geschallt und bis zum Gebrauch bei -20 °C gelagert.

Zur Auftrennung von Zellen in deren Zytoplasma- und Kernfraktion wurde das Fraktionierungskit der Firma Active Motif verwendet und nach deren Anleitung vorgegangen. Die Konservierung der Proben geschah bei -80 °. Um die saubere Auftrennung zu überprüfen, wurden im Western Blot Zytoplasma- und Kern-spezifische Antikörper (Lamin A/C, Histon) eingesetzt.

Zur Ermittlung der Proteingehalte in den verschiedenen Proben kam das DC™ Protein Assay-Kit der Firma Bio-Rad zum Einsatz. Es wurde nach den Anleitungen des Herstellers vorgegangen. Das Prinzip des Proteinnachweises beruht darauf, dass Proteine mit Cu^{2+}-Ionen in alkalischer Lösung einen Komplex bilden (Biuret-Reaktion). Das bei dieser Reaktion entstehende einwertige Kupfer reagiert mit der in der Lösung vorhandenen Bicinchinon-Säure (BCA) zu einem spezifischen violetten Farbkomplex. Die Absorption des Farbkomplexes wurde mittels eines Spektrophotometers (OD700) gemessen. Dabei korreliert die Farbstoffintensität direkt mit der Konzentration der reagierenden Gruppen. Die Berechnung des Proteingehaltes in $\mu g/\mu l$ erfolgte über eine Standardkurve, erstellt aus einer jeweils mitgeführten Albumin-Verdünnungsreihe.

2.3.2 SDS-Polyacrylamid Gelelektrophorese und Western Blot

Für den Proteinexpressionsnachweis mittels Immunoblotting wurden 30 - 60 μg Proteingemisch mit Probenpuffer versetzt und fünf Minuten bei 100 °C erhitzt. Die Proteinextrakte wurden dann auf ein diskontinuierliches SDS-Gel aufgetragen und mittels Gelelektrophorese (Vorlauf 15 min 90 V, Auftrennung bei 150 V 90 min) ihrer Molekülmasse nach aufgetrennt. Anschließend erfolgte die Übertragung der Gele auf eine Trägermembran aus Nitrozellulose. Durch hydrophobe Wechselwirkungen konnten die Proteine während des Elektroblots bei 10 V auf die Nitrozellulosemembran transferiert werden. Anschließend wurden die Membranen eine Stunde bei Raumtemperatur in 5 % Magermilchpulver in PBS geschwenkt, um freie Proteinbindungsstellen zu blocken. Die Identifizierung der gesuchten Proteine wurde mittels spezifischer Antikörper ermöglicht. Die Inkubation der Primär-Antikörper, verdünnt in 3 % Magermilchpulver/PBS, erfolgte zumeist über Nacht bei 4 °C (Ausnahme: Anti-HIF-2α: 4 h Raumtemperatur). Anschließend wurden die Membranen dreimal 10 min bei Raumtemperatur und durch Schwenken in PBS gewaschen. Die Inkubation der Sekundär-Antikörper vollzog sich ebenfalls unter Schwenken bei Raumtemperatur für 60 Minuten. Anschließend wurden die Membranen erneut dreimal 10 min bei Raumtemperatur und Schwenken in PBS gewaschen. Nach Inkubation der Membranen mit ECL für eine Minute wurde ein Hyperfilm aufgelegt und dieser, je nach Signalstärke, nach fünf bis 30 min entwickelt. Anhand des Bandenmusters des mitgeführten Molekülmassen-Markers konnten die spezifischen Banden identifiziert werden.

2.4 Statistische Auswertung

Eine Reliabilität der Messwerte wurde abgesichert, indem alle Experimente mindestens dreimal unabhängig voneinander wiederholt und nur solche Messwerte in die Auswertungen mit einbezogen wurden, die sich innerhalb der Mehrfachbestimmungen ähnelten. Dabei gibt ‚n' in den Auswertungen die Anzahl der unabhängigen Wiederholungen und ‚m' die Anzahl der Messwerte insgesamt an, da der größte Teil der Experimente zusätzlich als Mehrfachbestimmung analysiert wurde. Die Auszählung der klonogenen Assays erfolgte verblindet, um eine Beeinflussbarkeit der auswertenden Person in Erwartung an das Ergebnis zu verhindern. Alle diese Maßnahmen dienten dazu, um eine größtmögliche Validität der gezeigten Untersuchungsergebnisse zu erreichen.

Die graphische Auswertung wurde mit Hilfe der SigmaPlot 11.0 Software (Systat Software GmbH) durchgeführt. Die statistische Auswertung erfolgte über das Programm GraphPad InStat 3. Die Ergebnisse werden im Folgenden als Mittelwert ± Standardabweichung (MW ± SD) dargestellt. Der statistische Vergleich zwischen zwei Gruppen wurde mit dem Student´s paired t-test ermittelt und nach Welch korrigiert. Mehrere normalverteilte Gruppen wurden mittels ANOVA-Analyse verglichen und anschließend ein Post-Test nach Dunnett durchgeführt. Ein P-Wert kleiner als 0,05 wurde als statistisch signifikant angesehen. Hierbei galt $* = P < 0,05$, $** = P < 0,01$, $*** P < 0,001$.

Für die Ergebnisse der Western Blots ist jeweils ein repräsentatives Bild abgebildet. Die densitometrische Auswertung erfolgte über die Software AIDA Image Analyzer.

3. Ergebnisse

3.1 MTT-Assay

Zur Analyse geeigneter Konzentrations- und Behandlungszeiträume wurden zuvor die in dieser Arbeit verwendeten Substanzen auf deren Einfluss auf die Zellvitalität mittels MTT-Assay untersucht (Abb. 18 a-d). Es wurde anschließend stets mit Konzentrationen gearbeitet, bei denen nach Vorbehandlung eine Vitalität der Zellen größer 80 % im Vergleich zur Lösungsmittelkontrolle sichergestellt werden konnte. Aufgrund der Ergebnisse der MTT-Assays und den Angaben der Literatur wurde anschließend mit folgenden Behandlungsmustern gearbeitet: a) Kurkumin 25 - 60 μM für 4 h oder 5 - 15 μM für 24 h; b) Genistein 50 - 100 μM für 24 h; c) ^{t}Bu-2,4-PDC: 75 μM für 4 h (frisches Inkubationsmedium nach 2 h); d) Benzo(a)pyren: 1 μM für 24 h.

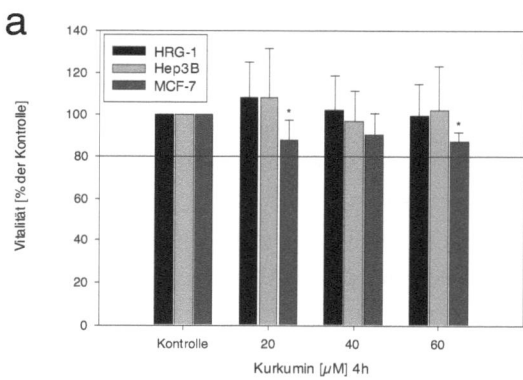

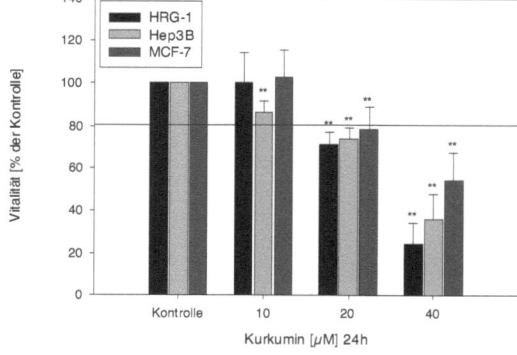

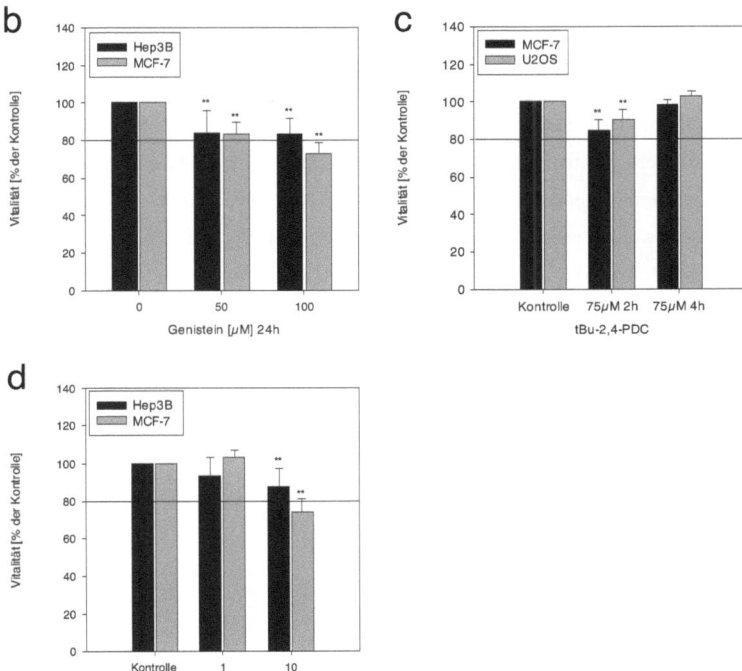

Abbildung 18: Vitalitäts-Assays verschiedener Zelllinien nach Vorbehandlung mit spezifischen Induktoren/ Inhibitoren.
Zelllinien Hep3B, MCF-7, U2OS und HRG-1 wurden vorbehandelt, mit 5 mg/ml MTT-Lösung für 1 h inkubiert, lysiert und die Exstinktion bei 570 nm gemessen: a) Kurkumin 20 - 60 μM 4 h, 10 - 40μM 24 h; (b) Genistein 50 - 100 μM 24 h; (c) ^{t}Bu-2,4-PDC 75 μM 2 - 4 h; (d) Benzo(a)pyrene 1 - 10 μM 24 h. Dargestellt ist der prozentuelle Anteil lebender Zellen nach Vorbehandlung im Vergleich zu den jeweiligen mit Lösungsmittel behandelten Kontrollzellen. Mittelwerte + SD; * P < 0,05, ** P < 0,01 (ANOVA-Analyse, korrigiert nach Dunnett); n ≥ 3 (m ≥ 18).

3.2 HIF-Inhibierung durch RNAi

Effektive HIF-Inhibierung durch siRNA und shRNA

Für den stabilen HIF-1α Knockdown wurden HEK-293 und U2OS Zellen mit shRNA gegen HIF-1α transfiziert, positive Zellen mittels Puromycin selektiert und die stabilen Klone mit dem effizientesten Knockdown mittels Western Blot ausgewählt. Für die transienten Transfektionen wurden verschiedene Zelllinien mit siRNA gegen HIF-1α und -2α und LipofectamineRNAiMAX über 48 h behandelt. Es konnten dadurch ein vollständiger Knockdown von HIF-1α (Abb. 19 oben) sowie ein signifikanter Knockdown von HIF-2α (unten) in den vier transfizierten Zelllinien erreicht werden. Als Ladekontrolle diente der Nachweis von Lamin A/C.

(Hinweis: der verwendete HIF-2α-Antikörper weist zwei Banden nach, wobei die untere Bande als HIF-2α-spezifisch anzusehen ist.)

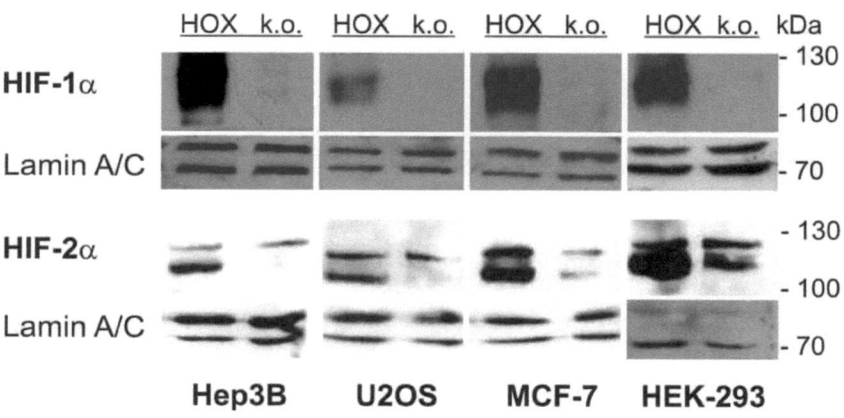

Abbildung 19: Expressionsnachweis verschiedener HIF-1α und HIF-2α defizienter Zellen.
Zellen wurden mit spezifischer siRNA oder shRNA gegen HIF-1α transfiziert (k.o.) und anschließend für 4 h unter hypoxischen Bedingungen (1 % O_2) inkubiert. Anschließend erfolgte ein HIF-1α Proteinnachweis in hypoxischen (HOX) und den transient (Hep3B, MCF-7) und stabil (U2OS, HEK-293) transfizierten Zellen mittels Immunoblotting.

Strahlensensibilisierung nach HIF-Inhibierung

Tumorzellen verschiedenen Ursprungs reagieren unterschiedlich stark auf Bestrahlung. Daher wurden vier verschiedene Tumorzelllinien vergleichend untersucht. Diese wurden mit in der Klinik als Einzeldosis üblichen 2 Gy bestrahlt und weiterhin – abhängig von der Zelllinie – aufwärts bis 8 Gy, um einen Kurvenverlauf des Überlebens ersichtlich zu machen. Hierfür wurde der Linearbeschleuniger Mevatron 74 (Siemens) genutzt.

Zur Analyse des Einflusses von HIF-1α und HIF-2α auf die Strahlensensibilität von Tumorzellen wurden sowohl normoxisch als auch hypoxisch inkubierte Wildtyp-Zellen und deren HIF-α defiziente Klone bestrahlt und anschließend mittels klonogenem Assay deren Überleben ermittelt. In allen vier untersuchten Zelllinien unterschiedlichen Ursprungs resultierte der HIF-1α Knockdown in einer signifikanten Strahlensensibilisierung in Normoxie (Abb. 20 links) und Hypoxie (rechts). Analog zu HIF-1α ergab sich auch bei HIF-2α vorwiegend eine Strahlensensitivierung der Zellen nach HIF-2α Knockdown in Normoxie und Hypoxie im Vergleich zu den Wildtyp-Zellen, die aber nicht so stark ausgeprägt war wie nach HIF-1α Knockdown. Eine Zusammenfassung der prozentualen Unterschiede bezüglich der Senkung der Überlebensraten zeigt Tabelle 5. Am Beispiel der HIF-1α defizienten Hep3B Zellen ist im Weiteren gezeigt, dass es in Hypoxie zu einer leicht erhöhten Strahlenresistenz der hypoxischen HIF-1α defizienten Zellen gegenüber deren normoxischen Kontrollen kam (Abb. 21 links). Diese Gegenüberstellung soll den zwar geringen, aber detektierbaren Einfluss des nach wie vor exprimierten HIF-2α auf die Strahlensensibilität dieser Zellen demonstrieren. Der Vergleich von normoxischen und hypoxischen HIF-2α Knockdowns in Abbildung 21 rechts veranschaulicht den signifikanten Einfluss der noch vorhandenen HIF-1α-Untereinheit in Bezug auf die Strahlenresistenz.

Ergebnisse

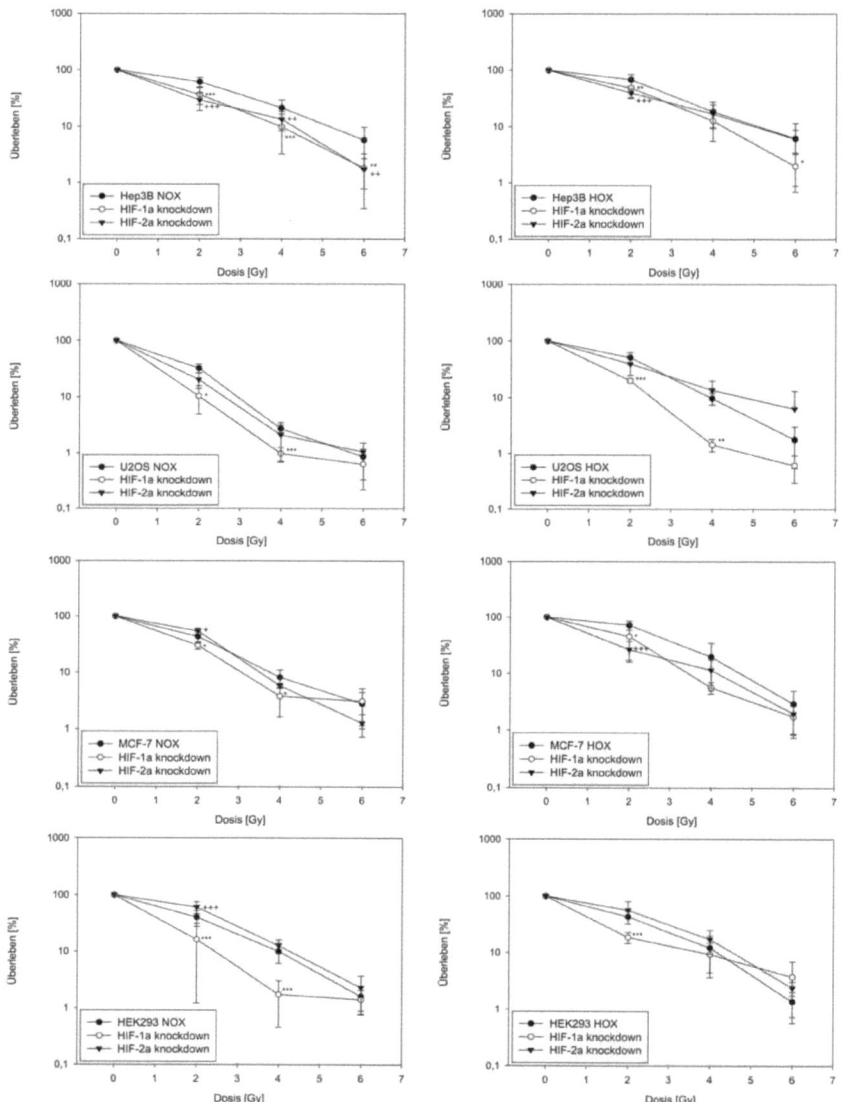

Abbildung 20: Klonogenes Überleben verschiedener HIF-α defizienter Tumorzellen im Vergleich zum Wildtyp.
HIF-α defiziente Zellen wurden unter normoxischen (NOX, links) oder hypoxischen Bedingungen (1% O_2, HOX, rechts) inkubiert und anschließend bestrahlt. Dargestellt ist der prozentuelle Anteil gewachsener Zell-Kolonien bestrahlter Wildtyp- oder HIF-α defizienter Zellen gegenüber deren unbestrahlten Kontrollzellen (normalisierte Daten). Mittelwert ± SD; * P < 0,05; ** P < 0,01; *** P < 0,001 für HIF-1α; + P < 0,05; ++ P < 0,01; +++ P < 0,001 für HIF-2α (Student's T-Test, korrigiert nach Welch); n ≥ 3 (m = 6-12).

Tabelle 5. Durchschnittliche Abnahme der überlebenden Fraktion HIF-α defizienter Tumorzellen in % im Vergleich zwischen Normoxie und Hypoxie; gemittelt aus den Ergebnissen von vier Zelllinien.

	Normoxie		Hypoxie	
	HIF-1α	HIF-2α	HIF-1α	HIF-2α
2 Gy	21,1 % (± 5,4)	3,2 % (± 23,8)	25,6 % (± 4,7)	18,3 % (± 25,0)
4 Gy	6,5 % (± 4,3)	2,1 % (± 4,4)	7,7 % (± 4,8)	0,2 % (± 6,1)

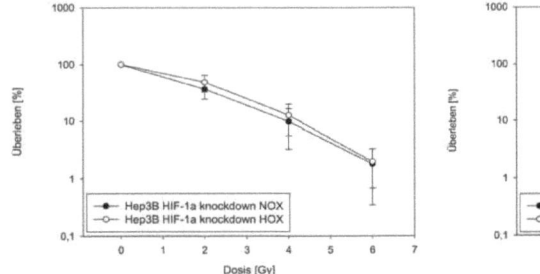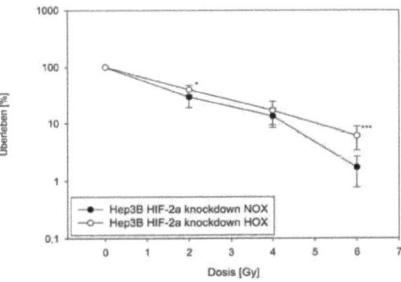

Abbildung 21: Klonogenes Überleben HIF-α defizienter Tumorzellen im Vergleich zwischen Normoxie und Hypoxie.
HIF-1α (links) und HIF-2α (rechts) defiziente Hep3B Zellen wurden unter normoxischen (NOX) oder hypoxischen Bedingungen (1% O_2, HOX) inkubiert und anschließend bestrahlt. Dargestellt ist der prozentuelle Anteil gewachsener Zell-Kolonien HIF-α defizienter Zellen gegenüber deren unbestrahlten Kontrollzellen (normalisierte Daten) für die verschiedenen Inkubationsbedingungen. Mittelwert ± SD; * $P < 0,05$; *** $P < 0,001$ (Student's T-Test, korrigiert nach Welch); n = 6 (m = 12).

Ergebnisse

3.3 HIF-Stabilisierung durch einen α-Ketoglutarat-Inhibitor

HIF-Protein-Stabilisierung durch ᵗBu-2,4-PDC

Um die Stabilität des α-KG-Inhibitors ᵗBu-2,4-PDC im Versuchsansatz zu überprüfen, wurden Zeitverläufe mit einmaliger Gabe oder wiederholtem Mediumwechsel gegen frisches Inkubationsmedium erstellt (Abb. 22). Da ersichtlich war, dass die Substanz über die Zeit abgebaut wird, wurde für die hier gezeigten Versuchsansätze stets nach zwei Stunden ein Mediumwechsel gegen neues Inkubationsmedium vorgenommen. Mittels Proteinnachweis im Western Blot wurde anschließend untersucht, wie stark der synthetische α-KG-Kompetitor ᵗBu-2,4-PDC die HIF-Proteine unter normoxischen Bedingungen im Vergleich zur HIF-Induktion in Hypoxie stabilisiert (Abb. 23). Es konnte hierbei gezeigt werden, dass ᵗBu-2,4-PDC HIF-1α und -2α ebenso wie Hypoxie (1 %) stabilisiert.

(Hinweis: der verwendete HIF-2α-Antikörper weist zwei Banden nach, wobei die obere Bande als HIF-2α-spezifisch anzusehen ist.)

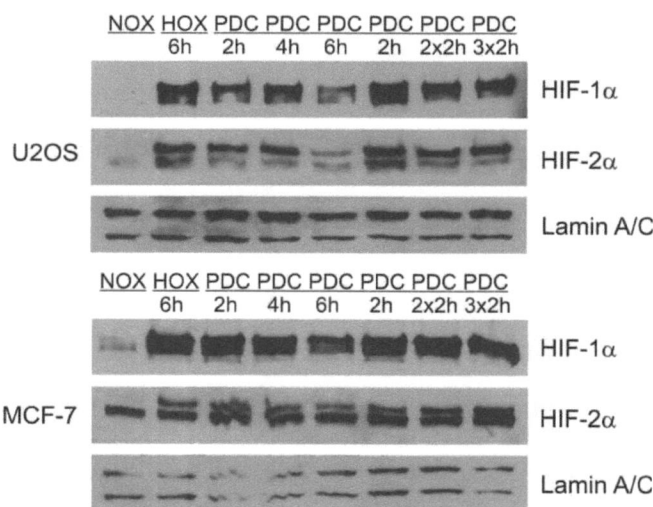

Abbildung 22: HIF-α Stabilisierung im Zeitverlauf nach Behandlung mit ᵗBu-2,4-PDC.
U2OS (oben) und MCF-7 Zellen (unten) wurden über 2 - 6 h entweder einmalig oder mit wiederholtem Mediumwechsel gegen frisches Inkubationsmedium mit ᵗBu-2,4-PDC (75 μM) behandelt, lysiert und mittels Western Blot analysiert.

Ergebnisse

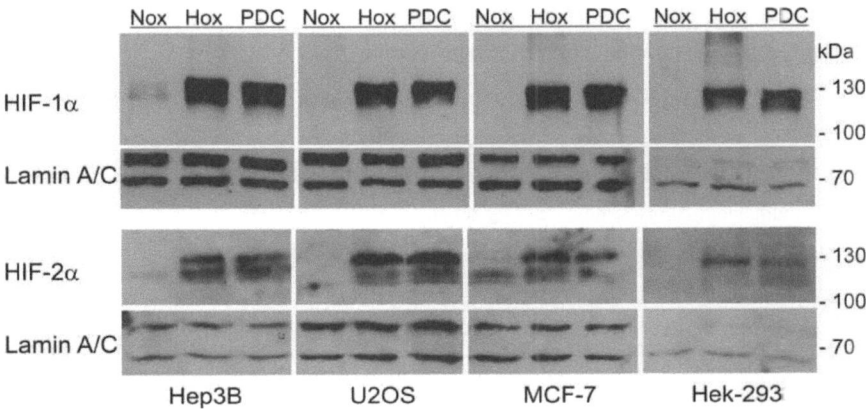

Abbildung 23: Nachweis von HIF-α in verschiedenen mit ᵗBu-2,4-PDC HIF-α behandelten Zellen.
Vier verschiedene Zellinien wurden normoxisch (NOX) und hypoxisch (HOX) (1 % O_2, 4 h) oder mit ᵗBu-2,4-PDC (PDC) (75 µM, 4 h) inkubiert und anschließend die Proteinmengen von HIF-1α (oben) und HIF-2α (unten) mittels Immunoblotting nachgewiesen.

Ergebnisse

Strahlenresponsivität nach HIF-Stabilisierung

Um zu überprüfen, ob ^{t}Bu-2,4-PDC eine ähnliche Wirkung wie Hypoxie auf die Strahlenresponsivität von Tumorzellen ausübt, wurden verschiedene Zelllinien mit ^{t}Bu-2,4-PDC oder unter Hypoxie für je 4 h inkubiert und anschließend bei 2 - 6 Gy bestrahlt. Mittels klonogenem Assay konnte das Überleben im Vergleich beider Behandlungsmuster analysiert werden. Die Behandlung mit ^{t}Bu-2,4-PDC und die damit verbundene HIF-Stabilisierung resultierten in einer ebenso starken oder teilweise noch stärkeren Erhöhung der Resistenz im Vergleich zu hypoxisch inkubierten Zellen (Abb. 24). Um eine Aussage über den Einfluss einzelner HIF-Untereinheiten treffen zu können, wurden des Weiteren die Ergebnisse behandelter HIF-defizienter und Wildtyp-Zellen gegenübergestellt (Abb. 25). Hierbei ergibt sich ein scheinbar größerer Einfluss von HIF-2α auf die Strahlenresistenz der Zellen nach ^{t}Bu-2,4-PDC-Inkubation gegenüber HIF-1α.

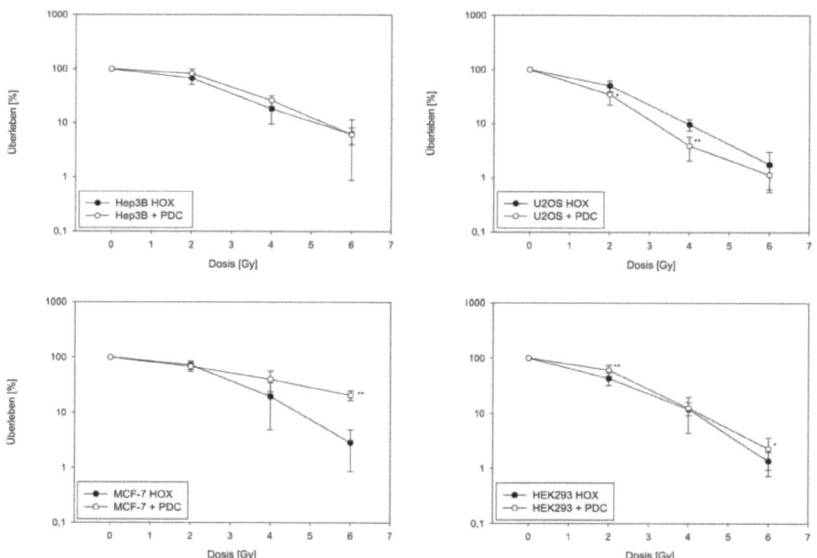

Abbildung 24: Klonogenes Überleben verschiedener mit ^{t}Bu-2,4-PDC behandelter im Vergleich zu hypoxisch inkubierten Tumorzellen.
Vier verschiedene Zelllinien wurden für 4 h mit ^{t}Bu-2,4-PDC (75 μM) (PDC) oder Hypoxie 1 % O_2 (HOX) vorinkubiert, bestrahlt und mittels klonogenem Assay deren Überleben analysiert. Dargestellt ist der prozentuelle Anteil gewachsener Zell-Kolonien bestrahlter Zellen gegenüber deren unbestrahlten Kontrollzellen (normalisierte Daten). Mittelwert ± SD; * P < 0,05; ** P < 0,01 (Student's T-Test, korrigiert nach Welch); n ≥ 3 (m = 6 - 16).

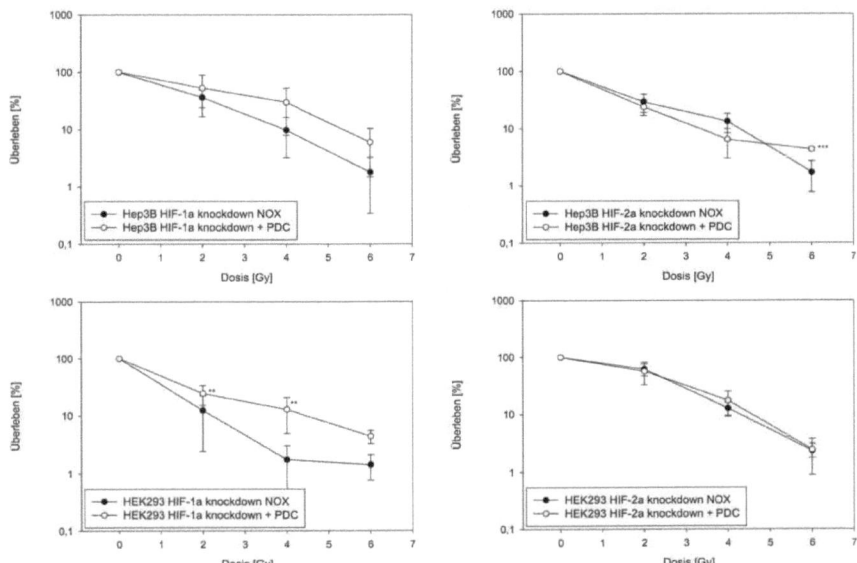

Abbildung 25: Klonogenes Überleben normoxischer im Vergleich zu mit ^{t}Bu-2,4-PDC behandelten HIF-α defizienten Zellen.
HIF-1α (links) und HIF-2α (rechts) defiziente Hep3B (oben) und HEK293 (unten) Zellen wurden mit ^{t}Bu-2,4-PDC inkubiert. Anschließend wurden die Zellen mit 2-6 Gy bestrahlt und mittels klonogenem Assay analysiert. Dargestellt ist der prozentuelle Anteil gewachsener Zell-Kolonien bestrahlter Zellen gegenüber deren unbestrahlten Kontrollzellen (normalisierte Daten). Mittelwert ± SD; * $P < 0,05$; ** $P < 0,01$; *** $P < 0,001$ (Student's T-Test, korrigiert nach Welch); n ≥ 3 (m = 6 - 16).

3.4 HIF-Inhibierung durch Flavonoide

3.4.1 Aufnahme von Kurkumin

Die schlechte Resorbierbarkeit von Kurkumin im Magen-Darm-Trakt stellt derzeit noch ein Problem in der Argumentation für Kurkumin als Chemotherapeutikum dar. Daher sollte gezeigt werden, dass die in dieser Arbeit verwendeten Versuchsanordnungen zu einer ausreichenden Aufnahme von Kurkumin in die Zelle führten, wenn direkt über das Medium verabreicht. Abbildung 26 veranschaulicht die konzentrationsabhängige Aufnahme von Kurkumin in verschiedenen Zelllinien.

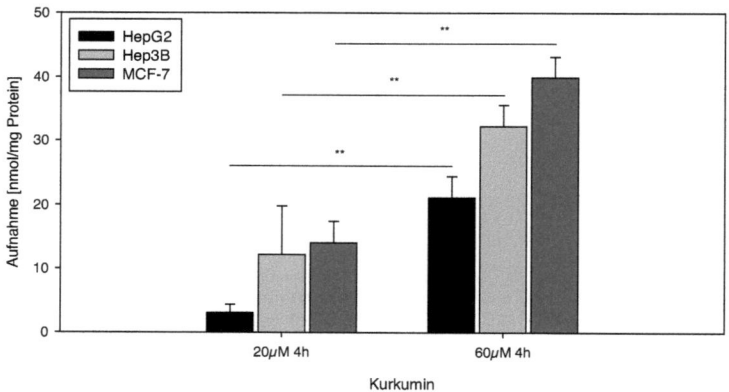

Abbildung 26: Kurkumin-Aufnahme aus dem Medium in die Zelle.
HepG2, Hep3B und MCF-7 Zellen wurden mit Kurkumin inkubiert und anschließend die Zellen vom Überstand getrennt. Nach Aufschluss der Zellen wurde die freigesetzte Menge an Kurkumin durch Absorptionsmessung ermittelt. Mittelwerte + SD; ** $P < 0,01$ Kurkumin 20 μM gegen Cur 60 μM (ANOVA-Analyse, korrigiert nach Dunnett); n = 3 (m = 12).

3.4.2 Einfluss von Kurkumin und Genistein auf HIF

Verminderung der HIF-Proteinspiegel nach Kurkumin-Inkubation

Zur Analyse einer möglichen HIF-inhibierenden Wirkung von Kurkumin und Genistein wurden diese Substanzen in verschiedenen Konzentrations- und Zeitfenstern auf Zellen appliziert und die Proteinmenge der HIF-Untereinheiten in Normoxie und Hypoxie mittels Nachweis im Western Blot densitometrisch ausgewertet. Zusätzlich wurde für die Kurkumin-Studien die Substanz Desferrioxamin (DFO) eingesetzt, die ebenfalls eine HIF-Stabilisierung bewirkt. Überraschenderweise zeigte sich eine leichte, aber signifikante Stabilisierung von HIF-1α-Protein konzentrationsabhängig von Kurkumin nach vier Stunden Inkubation unter normoxischen Bedingungen. Die Vorbehandlung mit Kurkumin unter hypoxischen Bedingungen ergab eine konzentrationsabhängige Verminderung der HIF-Untereinheiten -1α, -2α und -1β (ARNT) nach 4 h. Es konnte kein Einfluss auf die verschiedenen HIF-Proteine nach Genistein-Vorbehandlung über verschiedene Konzentrationsbereiche und Zeiträume erkannt werden (rechts unten).

(Hinweis: der für die Kurkumin-Blots verwendete HIF-2α zeigt zwei Banden, wobei die untere Bande als HIF-2α-spezifisch anzusehen ist.)

Ergebnisse

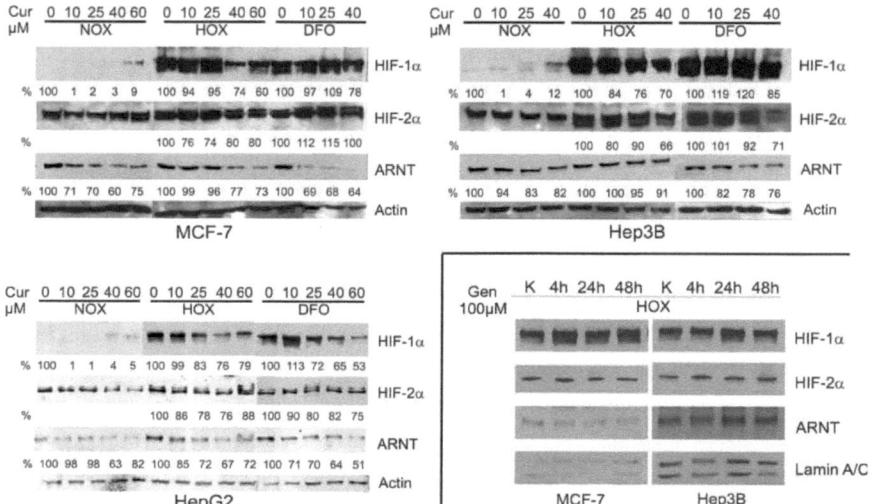

Abbildung 27: Immunoblotting von HIF-1α, HIF-2α and ARNT in Kurkumin und Genistein behandelten Zellen.
Hep3B, MCF-7 und HepG2 Zellen wurden für vier Stunden mit Kurkumin (Cur) unter normoxischen (NOX) oder hypoxischen Bedingungen (1% O_2, HOX) oder mit DFO (100 μM) inkubiert. Anschließend wurden die Zellen lysiert und die HIF-1α, HIF-2α, und ARNT-Proteine mittels spezifischer Antikörper detektiert. Die densitometrische Quantifizierung der HIF-Untereinheiten ist dargestellt in Prozent der jeweiligen Lösungsmittel-Kontrolle. Rechts unten: Immunoblot der HIF-Untereinheiten von MCF-7 und Hep3B Zellen nach Vorbehandlung mit Genistein (Gen 100μM) über 4 h, 24 h und 48 h in Normoxie und Hypoxie.

Inhibierender Einfluss auf die HIF-1-Aktivität

Daraufhin galt es zu untersuchen, ob die durch Kurkumin modulierten Proteinmengen auch in einer gesteigerten bzw. verminderten HIF-1 Proteinaktivität resultieren. Hierfür wurden zwei im Institut generierte Leberzelllinien (HRG-1, HRB-5) verwendet, die zuvor stabil mit einem Hypoxie-responsivem Luziferase-Plasmid transfiziert wurden. Diese Zellen wurden mit Kurkumin und Genistein unter normoxischen oder hypoxischen Bedingungen inkubiert. Dargestellt sind jeweils die relative HIF-Aktivität nach Kurkumin-Gabe über 4 h (Abb. 28 oben) und Genistein-Applikation über 24 h (unten). Zur Veranschaulichung des Unterschiedes der HIF-Aktivität zwischen Normoxie und Hypoxie wurden die Ergebnisse der Kurkumin-Behandlung über 24 h als Absolutwerte dargestellt (Mitte). Kurkumin inhibierte die HIF-1 Aktivität konzentrationsabhängig sowohl unter normoxischen als auch unter hypoxischen Bedingungen nach 4 h und 24 h Inkubation. Genistein zeigte keinen eindeutigen inhibierenden Effekt auf die HIF-1 Aktivität in Normoxie und Hypoxie.

Ergebnisse

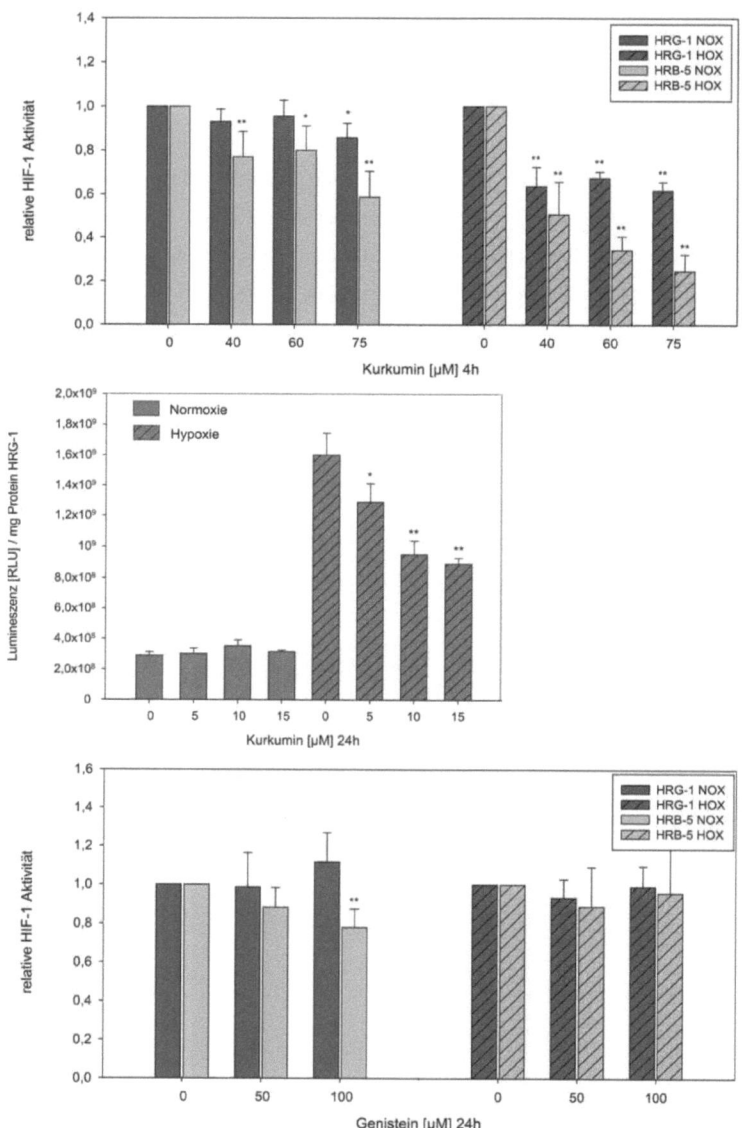

Abbildung 28: Luziferase-Reporter-Assay von HRG-1 und HRB-5 Zellen.
Mit einem Hypoxie-responsiven Luziferasegen enthaltendem Plasmid stabil transfizierte HepG2 (HRG-1) und Hep3B (HRB-5) Zellen wurden mit Kurkumin für vier (oben) oder 24 Stunden (Mitte) oder mit Genistein für 24 h (unten) unter normoxischen (NOX) oder hypoxischen Bedingungen (1 % O_2, HOX) inkubiert und anschließend die Luziferase-Aktivität und, daraus abgeleitet, die HIF-Proteinaktivität gemessen. Mittelwerte + SD; * P < 0,05; ** P < 0,01 (ANOVA Analyse, korrigiert nach Dunnett); n = 3 (m = 9).

3.4.3 Einfluss von Kurkumin und Genistein auf die Strahlensensibilität

Zur Überprüfung eines möglichen Einflusses der zuvor dargestellten HIF-Inhibierung auf die Strahlensensibilität von Tumorzellen wurden Hepatoma- und Mammakarzinom-Zellen mit Kurkumin und Genistein vorbehandelt, bestrahlt und mittels klonogenem Assay analysiert. Die Auswertung der absoluten Klonzahlen zeigte einen signifikanten konzentrations- und zeitabhängigen Einfluss von Kurkumin auf das klonogene Überleben der untersuchten Zellen (Abb. 29). Nach Normalisierung der Daten, d.h. nach prozentuellem Bezug der bestrahlten Zellklone auf die Klone der unbestrahlten Zellen, ergab sich jedoch kein signifikanter Unterschied in der Strahlensensibilität zwischen Kontrollen und Kurkumin behandelten Zellen, womöglich der nur unvollständigen Destabilisierung von HIF geschuldet (Abb. 30). Eine Normalisierung der Klonzahlen eliminiert weitere Effekte der eingesetzten Substanz wie beispielsweise deren Einfluss auf Wachstum und Apoptose.

Innerhalb der mit Genistein behandelten Leber- und Brusttumorzellen zeigte sich kein Unterschied in den Absolut- oder den Relativ-Werten zwischen unbehandelten und Genistein behandelten Zellen - exemplarisch gezeigt an MCF-7-Zellen (Abb. 31).

Ergebnisse

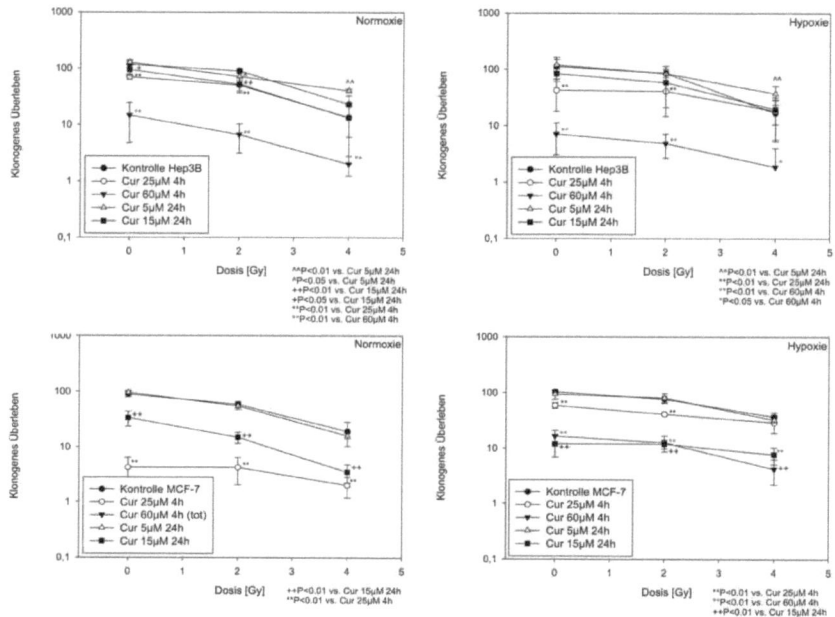

Abbildung 29: Einfluss von Kurkumin auf das klonogene Überleben von Leber- und Brusttumorzellen – Absolutwerte.
Hep3B (oben) und MCF-7 (unten) Zellen wurden mit Kurkumin (Cur) für vier (25, 60 µM) oder 24 Stunden (5, 15 µM) unter normoxischen (NOX, links) oder hypoxischen Bedingungen (1 % O_2, HOX, rechts) inkubiert und anschließend bestrahlt. Dargestellt ist die absolute Anzahl gewachsener Klon-Kolonien mit Lösungsmittel behandelter im Vergleich zu mit Kurkumin behandelten Zellen vor und nach Bestrahlung. Mittelwert ± SD, (ANOVA-Analyse, korrigiert nach Dunnett), n = 4 (m = 8).

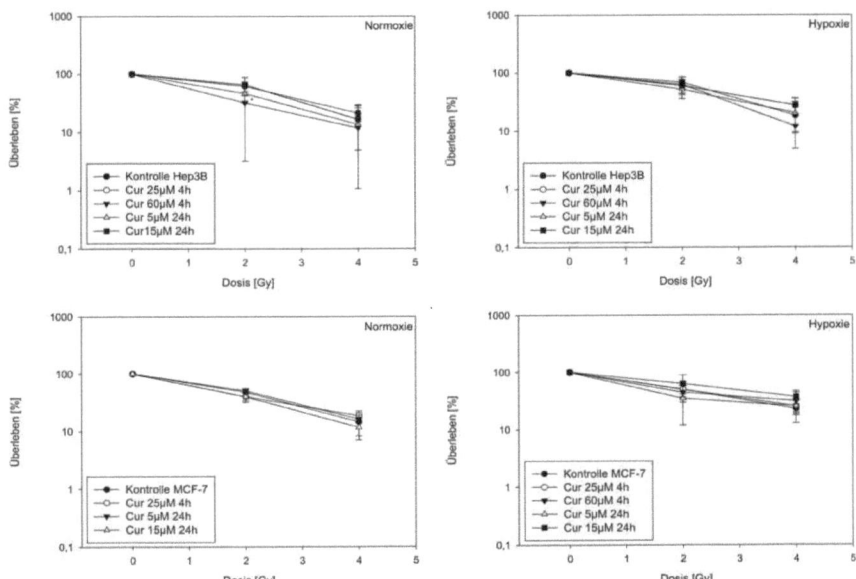

Abbildung 30: Einfluss von Kurkumin auf das klonogene Überleben von Leber- und Brusttumorzellen – normalisierte Daten.
Hep3B (oben) und MCF-7 (unten) Zellen wurden mit Kurkumin (Cur) für vier (25, 60 μM) oder 24 Stunden (5, 15 μM) unter normoxischen (NOX, links) oder hypoxischen Bedingungen (1 % O_2, HOX, rechts) inkubiert und anschließend bestrahlt. Dargestellt sind die normalisierten Ergebnisse gewachsener Klon-Kolonien mit Lösungsmittel behandelter im Vergleich zu mit Kurkumin behandelten Zellen vor und nach Eestrahlung. Mittelwert ± SD; * $P < 0{,}05$ gegen Kontrolle 2 Gy (ANOVA-Analyse, korrigiert nach Dunnett), n = 4 (m = 8).

Ergebnisse

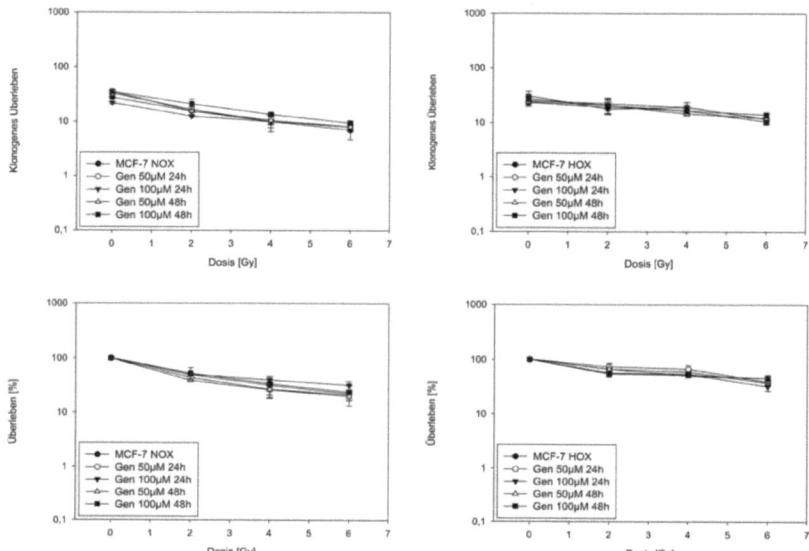

Abbildung 31: Einfluss von Genistein auf das klonogene Überleben von Mammakarzinomzellen. MCF-7-Zellen wurden mit Genistein (Gen) für 24 oder 48 Stunden (100 μM) unter normoxischen (NOX, links) oder hypoxischen Bedingungen (1 % O_2, HOX, rechts) inkubiert und anschließend bestrahlt. Dargestellt ist die absolute Anzahl gewachsener Klon-Kolonien mit Lösungsmittel behandelter und mit Genistein behandelter Zellen (oben) sowie die normalisierte Darstellung der Daten als Überleben in % (unten). Mittelwert ± SD (ANOVA-Analyse, korrigiert nach Dunnett), n = 3 (m = 6).

3.5 Weitere Mechanismen der Tumor-Inhibierung durch Kurkumin und Genistein

3.5.1 Induktion der Caspase 3/7 sowie PARP-Aktivität durch Kurkumin

Der klonogene Assay von mit Kurkumin behandelten Zellen zeigte bereits ein vermindertes Überleben dieser Zellen im Vergleich zu unbehandelten Zellen. Auch die Literatur gibt Hinweise auf eine mögliche verstärkte Apoptose durch Kurkumin. Daher wurden mithilfe eines PARP 1/2-Antikörpers und einem Caspase 3/7 Assays mögliche Mechanismen untersucht. Sowohl die Caspasen 3 und 7 als auch das durch Caspasen gespaltene (=cleaved) PARP (p89) sind spezifische Marker für Apoptose. Kurkumin induzierte zeit- und konzentrationsabhängig die Caspasen 3 und 7 (Abb. 32 B). Weiterhin konnte durch Caspasen gespaltenes PARP 1/2 nach Kurkumin-Behandlung nachgewiesen werden (Abb. 32 A). Genistein induzierte PARP-assoziierte Caspasen nicht.

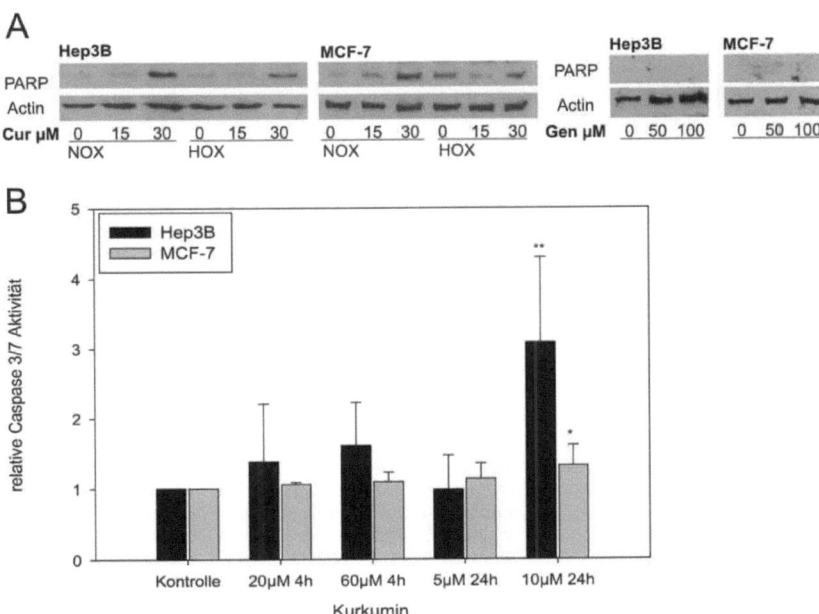

Abbildung 32: Induktion von PARP und Caspasen 3/7 durch Kurkumin-Inkubation.
(A) Hep3 und MCF-7 Zellen wurden mit Kurkumin und Genistein für 24 h inkubiert und anschließend die Zelllysate mittels Western analysiert. Detektiert wurde das p89-Spaltprodukt von PARP 1/2. (B) Hep3B und MCF-7 Zellen wurden für vier und 24 Stunden mit Kurkumin behandelt und anschließend die Reportergen-Aktivität von Caspase 3/7 ermittelt. Mittelwerte + SD; * $P < 0{,}05$, ** $P < 0{,}01$ vs. Kontrolle (ANOVA-Analyse, korrigiert nach Dunnett); n = 3 (m = 9).

Ergebnisse

3.5.2 Inhibierung der NFκB-Aktivität durch Kurkumin und Genistein

Die antikanzerogene und proapoptotische Wirkung von Kurkumin wird möglicherweise u.a. auch durch die Hemmung von NFκB vermittelt. Auch für Genistein gibt es Hinweise auf eine NFκB modulierende Wirkung. Zur Untersuchung der Flavonoid-Wirkung wurden Hep3B-Zellen mit einem Luziferase gekoppelten NFκB-Plasmid transfiziert, die NFκB-Aktivität durch Zugabe von TNFα (Tumor Nekrose Faktor alpha) verstärkt und die Wirkung von Genistein und Kurkumin in Normoxie und Hypoxie mittels Reportergen-Analyse untersucht. Als Resultat lag eine stärkere NFκB-Aktivität in Hypoxie im Vergleich zu Normoxie vor. Wie in Abbildung 33 zu erkennen, waren sowohl Kurkumin als auch Genistein in der Lage, die Grund-Aktivität sowie die durch TNFα induzierte Aktivität von NFκB signifikant zu hemmen.

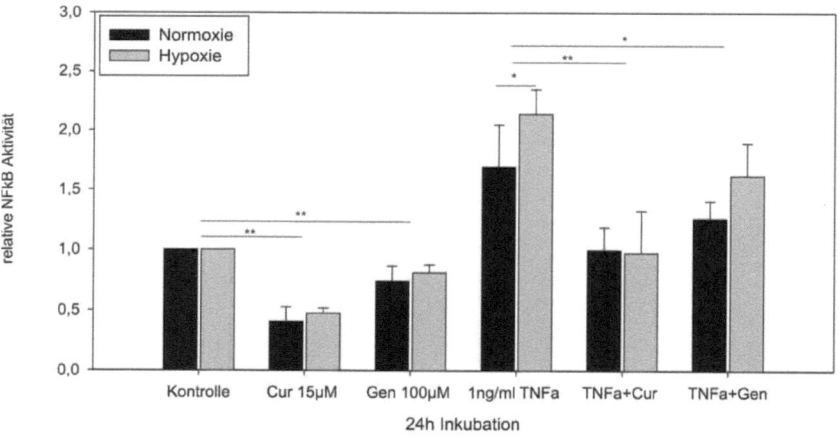

Abbildung 33: NFκB Reportergen-Analyse nach Inkubation mit Kurkumin und Genistein.
Hep3B Zellen wurden mit einem Luziferase gekoppelten NFκB-Plasmid transfiziert und anschließend in Normoxie oder Hypoxie (1 % O_2) mit TNFα (1 ng/ml) und Kurkumin (15 μM) oder Genistein (100 μM) für 24 h inkubiert. Anschließend wurden die Luziferase-Einheiten gemessen und relativ zur Kontrolle aufgetragen. Mittelwerte + SD; * P < 0,05, ** P < 0,01 (ANOVA-Analyse, korrigiert nach Dunnett); n = 4 (m = 8).

3.5.3 Einfluss von Kurkumin auf die Aktivität des CYP450-Systems

Kurkumin kann möglicherweise mit anderen Noxen wie Xenobiotika um die Bindungsstellen an den Arylhydrokarbon-Rezeptor (AhR) konkurrieren und somit dessen Aktivität beeinflussen. Die Wirkung von Genistein ist noch weitestgehend ungeklärt. Daher sollte untersucht werden, inwiefern Kurkumin und Genistein Einfluss auf die Lokalisation des AhR und die Aktivierung des Cytochrom P450 Systems haben, was einen indirekten Rückschluss auf die Aktivierung des AhR zuließe. Die Familie der CYP1 besteht aus den Mitgliedern 1A1, 1A2, und 1B1.

Hierfür wurden mit Kurkumin behandelte Zellen in Kern- und Zytoplasmafraktion aufgetrennt, um zu untersuchen, ob es zu einer Aktivierung und einer damit verbundenen Translokation des Rezeptors in den Zellkern kommt. Weiterhin wurde der Einfluss von Kurkumin sowohl auf die Grundaktivität als auch auf die durch den spezifischen AhR-Liganden Benzo(a)pyren (BaP) induzierte Aktivität des AhR mittels EROD-Assay untersucht. Die Analyse der Zellfraktionen zeigte eine Translokation und einen Abbau des AhR nach Kurkumin-Applikation (Abb. 34 A). Es war ebenfalls zu erkennen, dass Kurkumin die Grundaktivität des CYP 1A in Hep3B-Zellen leicht induziert (Abb. 34 B). Nach signifikanter Induktion des CYP450 durch BaP war eine Verminderung der Aktivität nach Kurkumin-Inkubation in beiden untersuchten Zelllinien erkennbar. Die Hemmung war jedoch nicht so stark wie die durch einen spezifischen AhR-Inhibitor. Genistein hatte keinen Einfluss auf die Induktion von CYP 1A.

Ergebnisse

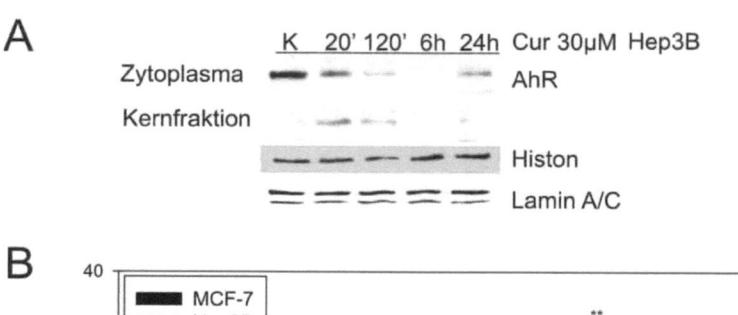

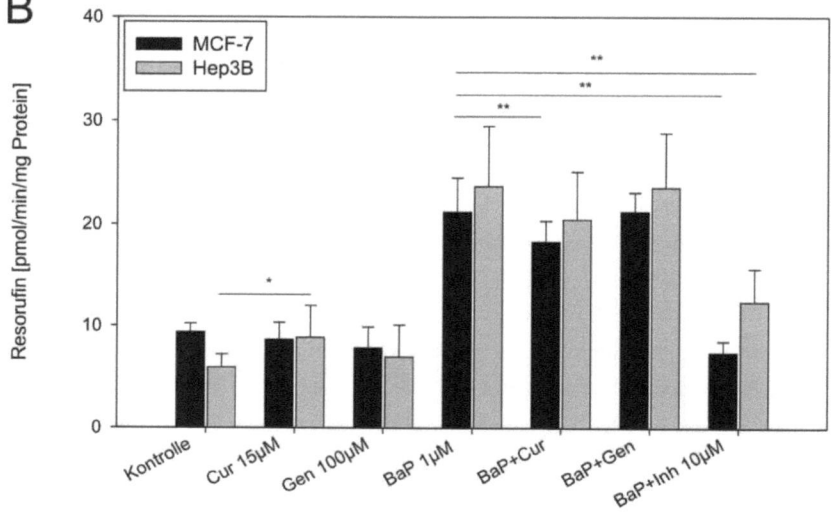

Abbildung 34: Einfluss von Kurkumin und Genistein auf den AhR.
(A) Zellfraktionierung von Hep3B-Zellen nach Kurkumin-Behandlung über 20 min bis 24 h und anschließender Nachweis der Translokation des AhR mittels Western Blot. (B) Hep3B und MCF-7 wurden mit Kurkumin (15 μM) oder Genistein (100 μM) oder einem AhR-Inhibitor (10 μM) und Benzo(a)pyrene (BaP) (1 μM) über 24 h inkubiert. Anschließend wurde die durch CYP 1A gebildete Menge an Resorufin ermittelt. Mittelwerte + SD; * P < 0,05, ** P < 0,01 (ANOVA-Analyse, korrigiert nach Dunnett); n = 4 (m = 24).

3.5.4 Verminderung der ERα-Proteinverfügbarkeit durch Kurkumin

ERα-positive Tumoren gelten generell als schlechter therapierbar als ERα-negative. Weiterhin korreliert eine verstärkte ERα-Expression mit einem erhöhten Risiko der Tumor-Initiation und -Promotion. Um zu untersuchen, ob Kurkumin auch Einfluss auf den Steroidrezeptor hat, wurden ERα positive MCF-7 Zellen mit verschiedenen Konzentrationen an Kurkumin über unterschiedliche Zeiträume inkubiert und anschließend sowohl Gesamtzellextrakte als auch Zellfraktionen im Western Blot analysiert. Auf die Untersuchung von Genistein wurde an dieser Stelle verzichtet, da dessen Affinität zu und Wirkung auf den ERα bereits ausreichend in der Literatur beschrieben wurde [132]. Innerhalb der Gesamtzellextrakte von MCF-7 Zellen war eine zeit- und konzentrations-abhängige Abnahme des ERα Proteins nach Kurkumin-Gabe in Normoxie und Hypoxie zu erkennen. Es ist bekannt, dass Hypoxie ebenfalls zu einer Aktivierung und anschließender Degradation von ERα führt [133; 134]. Diese Degradation des Rezeptors wird durch Kurkumin, wie in Abbildung 35 unten links gezeigt, noch verstärkt. Bei der Analyse der Fraktionen war zudem festzustellen, dass der prozentuell größte Anteil an ERα in den MCF-7 Zellen generell im Kern vorliegt.

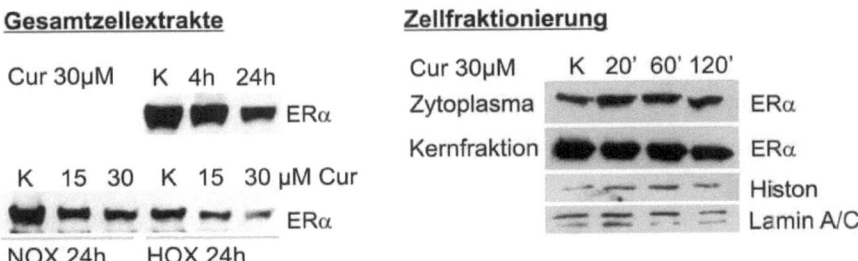

Abbildung 35: Einfluss von Kurkumin auf ERα-Proteinspiegel und –Lokalisation.
MCF-7 Zellen wurden über verschiedene Zeiträume und mit verschiedenen Konzentrationen an Kurkumin vorbehandelt. Die Zellen wurden anschließend lysiert und der ERα in Gesamtzellextrakt oder Zellfraktionierungen mittels Immunoblotting detektiert.

3.6 Einfluss weiterer HIF-assoziierter Faktoren auf das Tumorwachstum und die Strahlenresistenz

3.6.1 Veränderungen auf Proteinebene nach Bestrahlung

Um weitere Faktoren zu ermitteln, die sowohl die Reaktion von Zellen auf Bestrahlung vermitteln als auch möglicherweise durch Kurkumin und Genistein beeinflusst werden könnten, wurde die Proteinexpression ausgewählter Faktoren in Zelllysaten von Hep3B und MCF-7 Zellen vor und nach Bestrahlung verglichen. Es konnte erneut demonstriert werden, dass Kurkumin HIF-1α und -2α in Normoxie leicht stabilisiert, während es in Hypoxie zu einer Verminderung der genannten Proteine kam (Abb. 36 oben). Die Ergebnisse der normoxisch bestrahlten Zellen (Abb. 36 Mitte) zeigten eine schwache Akkumulation von HIF-1α bereits nach 3 h in den bestrahlten Zellen im Vergleich zu den unbetrahlten Kontrollen für die jeweilige Behandlung. Auf die Untersuchung der vermutlich noch stärkeren HIF-1α Akkumulation 24 h nach Bestrahlung wurde an dieser Stelle verzichtet, da dies von anderen Gruppen in verschiedensten Zelllinien bereits demonstriert wurde. Der Vergleich zwischen bestrahlten und unbestrahlten hypoxischen Zellen (Abb. 36 unten) zeigte keinen Unterschied bezüglich der HIF-α-Proteinspiegel vor und nach Bestrahlung. Auch in 24 h mit Hypoxie behandelter Zellen war nach Bestrahlung kein Unterschied auf HIF-1α und -2α-Ebene erkennbar (Daten nicht gezeigt).

Der Antikörper des ER-Stress-Markers ATF4 weist Moleküle sowohl mit einer Größe von 38 kDa als auch 55 kDa nach – beide als ATF4 spezifiziert. Während es in den MCF-7 Zellen zu einer Akkumulation des 38 kDa ATF4 nach Bestrahlung kam, erkennt man in den Hep3B-Zellen eine Akkumulation des 55 kDa ATF4 nach Kurkumin- und Genistein-Inkubation (Abb. 36). Das ebenfalls mit ER-Stress assoziierte Protein BiP zeigte keine Veränderung. Da es sich bei der Funktion von BiP eher um eine Veränderung der Bindungsspezifität handelt und weniger um eine Hochregulation, ist eine vermehrte Expression des Proteins weniger zu erwarten gewesen.

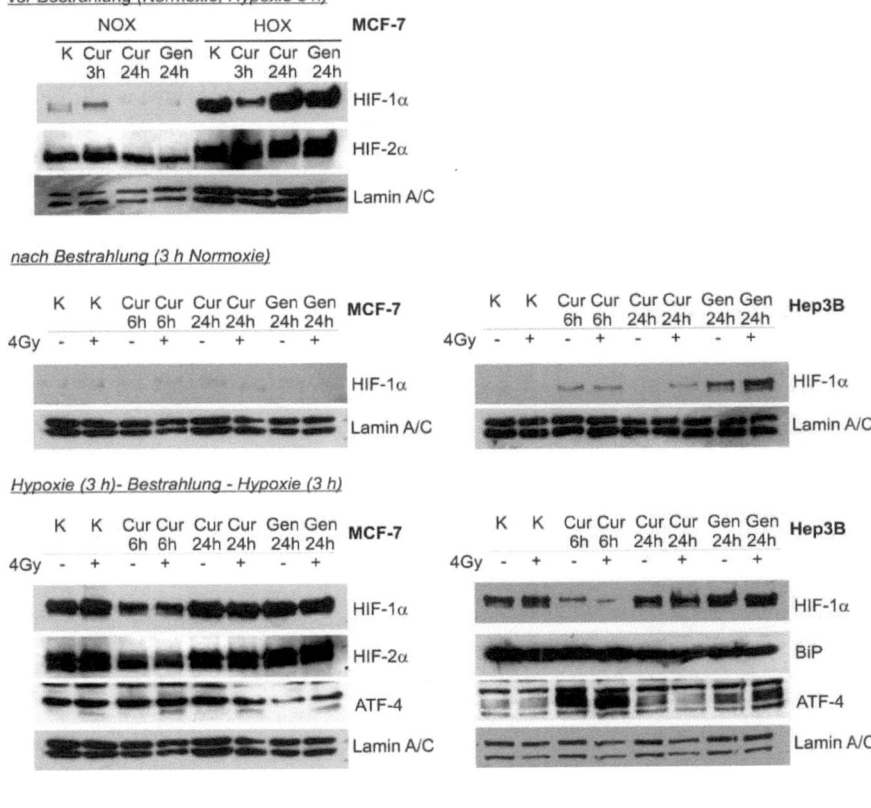

Abbildung 36: Vergleich verschiedener Proteinspiegel vor und nach Bestrahlung.
MCF-7 und Hep3 Zellen wurden mit Kurkumin, Genistein und Hypoxie (1 % O_2, 3 h) behandelt, mit 4 Gy bestrahlt und anschließend weitere 3 h inkubiert. Nach Lyse und Immunoblotting der Zellen wurden die Mengen verschiedener Proteine im Vergleich vor und nach der Bestrahlung detektiert.

3.6.2 P53-Akkumulation nach HIF-Stabilisierung oder Inkubation mit Flavonoiden

Um zu untersuchen, ob Hypoxie oder die untersuchten Pflanzeninhaltstoffe einen Einfluss auf die posttranslationelle Stabilisierung von p53 haben, wurden p53-exprimierende MCF-7- und U2OS-Zellen mit Hypoxie, ᵗBu-2,4-PDC sowie Kurkumin und Genistein 3 und 24 h vorbehandelt und anschließend das Protein im Western Blot detektiert. Es war zu erkennen, dass es nach 24 h Hypoxie zu einer leichten und nach ᵗBu-2,4-PDC-Behandlung zu der stärksten p53-Akkumulation kam (Abb. 37). Kurkumin induzierte p53 schwächer in beiden Zelllinien im Vergleich zu Genistein, welches eine annähernd so starke p53-Akkumulation nach Inkubation mit der Substanz wie mit ᵗBu-2,4-PDC zeigte.

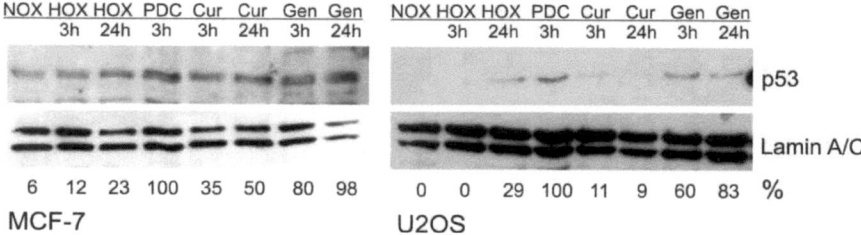

Abbildung 37: P53-Proteinmengen nach Vorbehandlung mit Hypoxie und Flavonoiden.
MCF-7- und U2OS-Zellen wurden für 3 h und 24 h mit Hypoxie (1 %, HOX), ᵗBu-2,4-PDC (75 µM, 3 h, PDC), Kurkumin (30 µM, 3 und 24 h, Cur) und Genistein (100 µM, 3 und 24 h, Gen) vorbehandelt und lysiert. Das p53-Protein wurde nach Elektrophorese und Western Blot mittels eines spezifischen Antikörpers detektiert. Die densitometrische Auswertung zeigt die quantitative Menge an p53-Protein bezogen auf die mit den ᵗBu-2,4-PDC-Proben als Referenz.

2.6.3 Strahlenresistenz nach Generierung von NO

Es gibt Spekulationen darüber, dass HIF unter normoxischen Bedingungen durch Stickstoffmonoxid (NO) stabilisiert werden kann [135]. Dem gegenüber stehen Ergebnisse aus Untersuchungen von Fandrey et al., dass NO die PHD-Aktivität in Hypoxie steigert und so HIF runterreguliert [136]. Eigene Untersuchungen an normoxischen MCF-7 Zellen, welche mit einem NO-Donor (Sodium-Nitro-Prusside, SNP) 4 h und 24 h behandelt wurden, zeigten eine konzentrationsabhängige Verringerung der Strahlenempfindlichkeit dieser Zellen bei 4 Gy und 6 Gy Strahlendosis (Abb. 38). Dies gibt Hinweis auf eine leichte Stabilisierung von HIF infolge der Akkumulation von NO in der Zelle. Daraus resultierend werden die Zellen strahlenresistenter. Der NO-Donor wurde in Konzentrationen und über Zeiträume bei den MCF-7 Zellen eingesetzt, die in der Literatur als effektiv zur Induktion von p53-Aktivität und Apoptose beschrieben wurden [137].

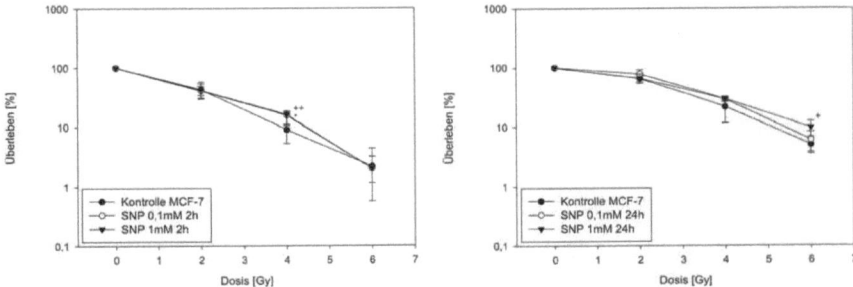

Abbildung 38: Klonogener Assay nach Vorbehandlung mit einem NO-Donor.
MCF-7-Zellen wurden mit dem NO-Donor SNP 2 h und 24 h in verschiedenen Konzentrationen vorbehandelt, bestrahlt und mittels klonogenem Assay das Überleben der Zellen ermittelt. Dargestellt sind die normalisierten Ergebnisse gewachsener Klon-Kolonien von Kontrollen und behandelten Zellen vor und nach Bestrahlung. Mittelwert +/- SD; + P > 0,05 SNP 1 mM 24 h gegen Kontrolle 6 Gy, ++ P > 0,01 SNP 1 mM 2 h gegen Kontrolle 4 Gy, * P > 0,05 SNP 0,1 mM 2 h gegen Kontrolle (ANOVA-Analyse, korrigiert nach Dunnett), n = 3 (m = 6).

4. Diskussion

4.1 Die Bedeutung HIF-vermittelter Mechanismen für die Ausbildung einer Strahlenresistenz

Dieser Arbeit lag die Beobachtung zugrunde, dass oftmals in Tumorzellen vorliegende hypoxische Verhältnisse die Therapierbarkeit dieser entarteten Zellen mit ionisierender Strahlung einschränken. Diese Tatsache stellt ein großes Problem für den Therapieerfolg in der Klinik dar. Eine Ursache einer Tumorhypoxie ist, neben dem schnellen Wachstum des Tumors, dass bei an Krebs erkrankten Patienten häufig, damit assoziiert, auch eine Anämie auftritt. Niedrige Hämoglobin-Werte während einer Strahlentherapie korrelieren ebenfalls invers mit dem Erfolg der Behandlung [100].

Es gab bereits Bemühungen, um festzustellen, über welchen Weg Hypoxie eine Resistenz in Zellen auslöst. Thomlinson und Gray sahen erstmalig einen Zusammenhang zwischen Nekrose und Blutgefäßen und schlussfolgerten daraus, dass ein schlechteres Ansprechen von Zellen in hypoxischem Gewebe den Erfolg einer Radiotherapie mindern könnte [138]. Der Schutz der Tumor-Gefäße scheint demnach ein entscheidender Punkt für den Erfolg einer Strahlentherapie darzustellen. Später folgende Untersuchungen bestätigten den Zusammenhang zwischen Hypoxie und einer Chemo- bzw. Radioresistenz [48; 139]. Ziel dieser Arbeit war es daher u.a. aufzuzeigen, dass diese Strahlenresistenz durch die Stabilisierung von HIF infolge einer Hypoxie hervorgerufen wird.

Dabei bestand die Annahme, dass es sich hierbei um einen Mechanismus handelt, der in vergleichbarer Weise in verschiedensten Tumortypen nachweisbar ist und somit einen wichtigen Angriffspunkt darstellt. Durch die vorliegenden Untersuchungen konnte aufgezeigt werden, dass eine Inhibierung von in Hypoxie hochregulierten zellulären Faktoren durch ausgewählte natürliche und synthetisch erzeugte Substanzen das Wachstum und die Strahlenresistenz von Tumorzellen erheblich mindern und somit den Erfolg einer Strahlentherapie effektiv steigern kann.

Um eine Radiosensitivierung von Zellen/ Tumoren zu erreichen ist es aussichtsreich, Signalwege zu unterbinden, die die Bildung radioprotektiver Substanzen vermitteln. Hierzu zählt auch die Hemmung von HIF, da dieser Transkriptionsfaktor durch die auftretende Instabilität innerhalb der Sauerstoffversorgung eines Tumors hochreguliert wird. Die HIF-α Expression kann außerdem auch über verschiedene sauerstoffunabhängige Mechanismen wie das Auftreten freier Radikale oder auch Onkogenen induziert werden. In einigen Tumoren ist der Transkriptionsfaktor sogar konstitutiv exprimiert und kann so zur Therapieresistenz des Tumors beitragen.

Bei der Behandlung von Tumorerkrankungen erkannte man, dass HIF-1α defiziente Tumoren generell besser auf eine Radiotherapie ansprechen als solche mit funktionellem HIF-1α [108]. Die Entwicklung von Substanzen, welche auf die Inaktivierung von HIF-1α abzielen, ist daher aktuelles Ziel der Forschung, da diese Untereinheit bisher am besten untersucht ist und, wie bereits darlegt, einer schlechteren Behandelbarkeit verschiedener Tumoren eindeutig zuzuordnen ist. Strategien zur Inhibierung von HIF-Signalwegen beinhalten die pharmakologische Intervention von HIF-1α, die genetische Störung von HIF-1α oder die Blockade der Hypoxie-induzierten Transkription des Faktors [118]. Durch eine Blockierung von HIF-1α könnten sowohl dessen Aktivierung vor und nach Bestrahlung als auch die HIF-vermittelten Signalwege effektiv inhibiert und somit der Therapieerfolg besonders hypoxischer Tumoren gesteigert werden. Die Hemmung von HIF-1 könnte so auch Einfluss auf den Energiestoffwechsel und somit auf das Tumorwachstum haben. Dies ist besonders in der ersten Phase der Angiogenese interessant, da es hier zu einer gesteigerten Bildung von Blutgefäßen kommt [140].

Weiterhin spielen aber auch HIF-2α sowie das konstitutiv exprimierte HIF-1β (ARNT) eine wichtige Rolle für die Aktivität der HIF-Komplexe. Zur Bedeutung von HIF-2α in Bezug auf Strahlenresistenz ist bisher wenig bekannt im Vergleich zu HIF-1α. Es wird vermutet, dass HIF-2α, auf Grund seiner Ähnlichkeit bezüglich Proteinstruktur und Regulation zu HIF-1α, einen Verlust an HIF-1α teilweise kompensieren kann. Zudem kann der HIF-2α/ARNT-Komplex weitere/andere mit Hypoxie assoziierte Zielgene beeinflussen als HIF-1α/ARNT. Auch ARNT selbst ist in die Genexpression vieler physiologischer Prozesse, u. a. der Hypoxie-Anpassung und des Fremdstoffmetabolismus, involviert. Wenn man im Speziellen die im Späteren diskutierten Resultate der Kurkumin-Versuche betrachtet, scheint ARNT, trotz seiner konstitutiven Expression, ein potentielles Zielprotein zu sein, um die HIF-Aktivität in hypoxischen Tumoren zu senken, denn eine Hemmung der ARNT Proteinverfügbarkeit ist insofern vorteilhaft, da die Wirkung aller HIF-Komplexe gleichzeitig inhibiert werden könnte im Vergleich zum selektiven Ausschalten einzelner HIF-Untereinheiten.

Diskussion

Die *in vitro* Ergebnisse dieser Arbeit, basierend auf RNA-Interferenz bzw. HIF-Knockdown, gehen konform mit der bereits in der Klinik beobachteten inversen Korrelation zwischen HIF-1α Expression des Tumors und der Prognose für den Erfolg der Strahlentherapie. Die aus den klonogenen Assays von HIF-α-defizienten Zellen gewonnenen Erkenntnisse untermauern den bestimmenden Einfluss von HIF-1α für das Überleben von (Tumor-) Zellen in Hypoxie [49; 141]. Es konnte eindeutig dargestellt werden, dass ein selektiver Knockdown von HIF-1α in einem verminderten Überleben und demzufolge in einer Strahlensensibilisierung der HIF-1α-defizienten Zellen im Vergleich zu den Wildtyp-Zellen in Hypoxie resultiert. Die übereinstimmenden Resultate aus der Gegenüberstellung von vier Zelllinien unterschiedlichen Ursprungs lassen auf einen grundsätzlichen Mechanismus der Ausbildung einer Strahlenresistenz durch die Expression bzw. Stabilisierung von HIF-1α schließen.

Obwohl HIF-1α die am besten untersuchte HIF-Isoform ist, kann diese Arbeit neuartig herausstellen, dass auch HIF-2α entscheidend zu einer Strahlenresistenz der verschiedenen Tumorzelllinien beiträgt, denn der selektive HIF-2α-Knockout führte zu einer erhöhten Strahlensensibilität der HIF-2α-defizienten Zellen im Vergleich zu den Wildtypen in drei von vier Zelllinien (Abb. 20). Die Ergebnisse der Proteinexpressions-Nachweise sowie der klonogenen Assays deuten folglich darauf hin, dass HIF-2α eine ähnlich entscheidende Bedeutung wie HIF-1α innerhalb der Signalkaskaden und der Strahlenresponsivität der Zelle zukommt, wenngleich sich der Effekt des HIF-2α Knockdowns als nicht so effektiv strahlensensitivierend darstellt wie der des HIF-1α Knockdowns (Tab. 5). Dies kann allerdings teilweise auch der Tatsache geschuldet sein, dass hier kein ähnlich vollständiger HIF-2α Knockdown wie für HIF-1α erzeugt werden konnte, sodass Restaktivitäten hierbei durchaus eine Rolle spielen können. Mit diesen Ergebnissen einhergehend zeigte sich beispielsweise in Mausmodellen mit Transplantaten, dass HIF-2α (aber nicht HIF-1α) das Wachstum von Nierenzellkarzinomen und Neuroblastom-Tumoren fördert [37; 142]. Es konnte weiterhin bereits nachgewiesen werden, dass es nach HIF-2α Knockdown in Nierenzellkarzinomen und Lungenkarzinomzellen zu einer verstärkten Aktivierung von p53 vor und nach Bestrahlung kommt [143]. Da dieser Effekt unabhängig von der Bestrahlung eintrat, ist es denkbar, dass sich ein HIF-2α-Knockdown auch bei anderen Therapieansätzen als hilfreich erweisen könnte.

Es kann zusammenfassend erkannt werden, dass bei der durch Hypoxie verursachten Strahlenresistenz der fehlende Sauerstoff per se eine maßgebende Rolle spielt, aber auch die durch HIF initialisierten metabolischen Veränderungen. Daher bekräftigen die hier erhaltenen Erkenntnisse die Bemühungen, selektive HIF-Inhibitoren zu finden bzw. zu generieren, die idealerweise auch beide HIF-Isoformen modulieren können, um so den Erfolg einer Strahlen- bzw. Chemotherapie zu steigern. Aufgrund der Beobachtungen, dass es nicht nur in Hypoxie sondern auch Normoxie zu einer Strahlensensitivierung der untersuchten Zelllinien nach HIF-1α bzw. HIF-2α-Knockdown kommt, scheinen die in der Einleitung bereits erläuterten Mechanismen wie die basale Aktivität von HIF sowie die HIF-Akkumulation nach Bestrahlung ebenfalls eine wichtige Rolle zu spielen.

4.2 Möglichkeiten des Einsatzes von HIF-Stabilisatoren zur Therapie von Anämien

Die Modulation der Expression von HIF ist nicht nur innerhalb der Chemo- und Strahlentherapie interessant. Eine Stabilisierung bzw. Steigerung der transkriptionellen Aktivität von HIF unter normoxischen Bedingungen durch Inhibierung der PHDs ist beispielsweise bei anämischen Erkrankungen sinnvoll, um eine Induktion von VEGF und EPO und, damit verbunden, ein Wachstum kleiner Blutgefäße anzuregen, um so Verbesserung der Sauerstoffversorgung zu erreichen [144; 145]. Dies kann z.B. zur Initialisierung einer therapeutischen Angiogenese genutzt werden. Günstig wäre hierbei eine organ- bzw. zellspezifische Zielgenaktivierung. Derzeitiges Ziel der Forschung ist es daher, Möglichkeiten zu finden, um die endogene EPO-Produktion unabhängig von Hypoxie zu steigern. Es gibt bereits Pharmaka, die z.B. zur Gruppe der Erythropoiese Stimulierenden Agentien (ESA) zählen und zu denen auch das bekannte und oftmals eingesetzte rekombinante humane EPO (rhEPO) gehört, jedoch können diese Substanzen Nebenwirkungen und Unverträglichkeiten hervorrufen, sodass die Steigerung der endogenen EPO-Produktion zahlreiche Vorteile bringen würde.

Durch die Analysen dieser Arbeit konnte demonstriert werden, dass α-KG-Analoga durch deren Wirkung als PHD-Hemmer die α-Untereinheiten HIF effektiv stabilisieren und so möglicherweise die endogene EPO-Produktion stimulieren können [146]. Solche HIF-Stabilisatoren könnten gegebenenfalls sogar eine Effektivität ähnlich der des rhEPO erreichen und so den Einsatz zur Behandlung bei Anämien ermöglichen [147]. Es gelang darzustellen, dass die Applikation der synthetisch erzeugten zellpermeablen Substanz ^{t}Bu-2,4-PDC zu einer ebenso starken HIF-1α und HIF-2α Stabilisierung wie Hypoxie führt (Abb. 23). Anknüpfend war innerhalb der Ergebnisse der klonogenen Assays auch zu erkennen, dass diese Substanz in drei von vier Zelllinien eine ebenso starke bzw. sogar stärkere Strahlenresistenz im Vergleich zur Hypoxie auslöst, die anscheinend maßgebend über HIF-2α vermittelt wird

(Abb. 24). Dies wurde ersichtlich beim Vergleich der Effekte von ^{t}Bu-2,4-PDC auf das klonogene Überleben HIF-1α-defizienter versus HIF-2α defizienter Zellen (Abb. 25). Die Zelllinie U2OS, deren Effekt auf die Strahlenresistenz nach ^{t}Bu-2,4-PDC Inkubation am geringsten ausfiel, besitzt Untersuchungen von Marxsen et al. zufolge kein funktionelles HIF-2α, was eine Erklärung hierfür wäre [148]. Innerhalb dieser Untersuchungen wurde zwar die Expression von HIF-2α, jedoch nicht dessen Funktionalität speziell in dieser Zelllinie untersucht. Dies bliebe an anderer Stelle zu überprüfen.

Die hier erstmalig bewiesene Tatsache der Manifestierung einer Strahlenresistenz durch ^{t}Bu-2,4-PDC ist zu beachten, wenn diese bzw. ähnliche Substanzen bei Patienten mit Anämien eingesetzt werden sollen, die gleichzeitig eine Strahlen- bzw. Chemotherapie erhalten, da hierdurch der Erfolg der Therapie durch die Hochregulation der HIF gemindert werden könnte.

Weiterhin interessant und auffallend ist der hier zum ersten Mal festgestellte Effekt von ^{t}Bu-2,4-PDC auf p53 (Abb. 37), denn die p53-Proteinspiegel werden durch diese Substanz bereits nach kurzfristiger Inkubation stark erhöht, während es in Hypoxie erst nach 24 Stunden zu einer wesentlich schwächeren Induktion dieses Zellzyklus regulierenden Proteins kommt. Daraus ist abzuleiten, dass ^{t}Bu-2,4-PDC nicht nur eine Stabilisierung der HIF-α Untereinheiten bewirkt, sondern anscheinend auch in andere Regulationsmechanismen wie der des Überlebens der Zelle eingreift und so möglicherweise zellschützende oder apoptotische Effekte hervorruft. Innerhalb von sechs Stunden kommt es, herauszulesen aus den Ergebnissen der mitgeführten MTT-Tests, zu keiner Zytotoxizität in den Zellen durch ^{t}Bu-2,4-PDC (Abb. 18 c). Kurzfristig können daher keine apoptischen Effekte beobachtet werden. Wie in Abbildung 22 gezeigt, wird ^{t}Bu-2,4-PDC bereits nach wenigen Stunden metabolisiert, sodass auf die Untersuchung von Langzeiteffekten von ^{t}Bu-2,4-PDC z.B. auf die Zellvitalität verzichtet wurde.

4.3 Ionisierende Strahlung, HIF-Proteinspiegel und Zellstress

HIF-α-Stabilisierung nach Bestrahlung

Es ist bekannt, dass HIF-1α sowohl durch Sauerstoff-abhängige aber auch durch Sauerstoff-unabhängige Mechanismen induziert werden kann. So erhöhen sich HIF-Proteinspiegel 24 bis 48 Stunden nach Bestrahlung, unabhängig vom Oxygenierungsstatus, durch beispielsweise oxidativen Stress und die Depolymerisierung von Stress-Granula. Die hier neu gewonnen Daten können sogar bereits drei Stunden nach Bestrahlung einen leichten Anstieg der HIF-1α-Proteinspiegel in normoxisch inkubierten Hepatoma- und Mammakarzinom-Zellen auf Proteinebene nachweisen (Abb. 31). Dieser erwies sich als noch verhältnismäßig schwach. Der HIF-stabilisierende Effekt scheint generell wesentlich ausgeprägter *in vivo* zu sein, wenn Mechanismen aus der Tumorumgebung eingeschaltet werden können [111]. Mögliche Ursache ist auch, dass die Bildung von HIF-beladenen Stress-Granula *in vitro* möglicherweise unvollständig bzw. nicht ausgeprägt genug ist, um eine signifikante Signaländerung mittels Immunoblotting ermitteln zu können. Es ist aber zu erwarten, dass ein längerer Betrachtungszeitraum (24-48 h) ein stärkeres HIF-1α-Signal hervorbringt. Da dies durch andere Arbeitsgruppen bereits gezeigt wurde, wurde an dieser Stelle darauf verzichtet.

Weiterhin konnte in vier verschiedenen Zelllinien nachgewiesen werden, dass ein HIF-1α-Knockdown zu einer signifikanten Strahlensensitivierung auch in Normoxie führt (Abb. 20). Dieser Aspekt wurde in der Literatur bisher kaum beschrieben. Auch für HIF-2α scheint hier erstmals so ausführlich belegt zu sein, dass der strahlensensibilisierende Effekt nach Knockdown unabhängig vom Oxygenierungszustand der Tumorzellen eintritt. Damit einhergehend zeigten Untersuchungen anderer, dass das Überleben und die angiogene Aktivität von HIF-1α in defizienten Lungenzellen nach Bestrahlung wesentlich geringer ist als bei den Wildtypen, in denen es zu einer signifikanten Stabilisierung von HIF-1α nach Bestrahlung kam [149]. Daraus ist abzuleiten, dass, neben einer möglichen HIF-Basalaktivität, ein einsetzender Anstieg von HIF-α nach Bestrahlung in den normoxischen Wildtyp-Zellen zur Ausbildung einer Bestrahlungsresistenz beiträgt. Ursachen hierfür sind u.a., dass in Normoxie verstärkt die Aktivierung von Signalkaskaden wie PI3K/Akt/mTOR, NFκB oder Interaktionspartnern wie Hsp90 (Heat Shock Protein 90) Einfluss auf die Stabilisierung von HIF nach Bestrahlung haben.

Weitere Ursache für den Anstieg von HIF-1α nach Bestrahlung ist die Generierung von ROS während der einsetzenden Reoxygenierung des Gewebes. In Hypoxie oder nach Bestrahlung führt der durch die vermehrte Entstehung von ROS erzeugte ER-Stress zu der sogenannten

Diskussion

integrierten Stress-Antwort (ISR), die die Translation von Proteinen wie ATF4 beeinflusst und somit das Überleben und Wachstum des Tumors sichert und eine Therapieresistenz hervorrufen kann [127; 150; 151]. In den hier untersuchten MCF-7 Zellen ist, mit dem einhergehend, deutlich zu erkennen, dass der ER-Stress Marker ATF4 vermehrt in bestrahlten Zellen im Vergleich zu den unbestrahlten Kontrollen exprimiert wird (Abb. 31).
Anmerkend ist darauf hinzuweisen, dass der Prozess einer Reoxygenierung in *in vitro*-Modellen nur begrenzt nachvollziehbar ist, da hier durch konstante Begasung der Zellen und durch das Fehlen von Gefäßen die *in vivo*-Bedingungen nicht korrekt wiedergegeben werden können. Der Prozess einer Reoxygenierung zuvor hypoxischer Zellen wurde daher in dieser Arbeit durch einen Wechsel der Inkubationsgase mit einem Sauerstoffgehalt von 1 % vor Bestrahlung auf 21 % nach Bestrahlung simuliert.

p53-Aktivierung in Hypoxie

Das Protein p53 erscheint besonders interessant bei der Betrachtung von Hypoxie, denn dessen Akkumulation, d.h. posttranslationale Stabilisierung, wird u.a. auch durch Hypoxie und natürliche Pflanzenstoffe unterstützt, wie in dieser Arbeit experimentell nachgewiesen werden konnte. Vermutlich verstärkt HIF-1α die p53-Aktivierung durch Bestrahlung [118]. Dem gegenüber führen auch die alleinige Behandlung mit ionisierender Strahlung und die dadurch entstehenden DNA-Schäden über die DDR (DNA Damage Response) ebenfalls zur Aktivierung von p53. Durch seine Funktion als Transkriptionsfaktor reguliert p53 nach DNA-Schädigung die Expression von Genen, die an der Kontrolle des Zellzyklus, an der Induktion von programmiertem Zelltod (Apoptose) oder an der DNA-Reparatur beteiligt sind.
Einer *in vivo*-Studie von Yang et al. zufolge konnte eine durch ein Pharmakon (RITA, NSC-652287) hervorgerufene p53-Aktivierung bei gleichzeitiger Induktion der Kaskade des DNA Damage Response die Faktoren HIF-1α und VEGF effektiv blocken und so eine Apoptose in den Tumorzellen auslösen [46]. HIF wirkt scheinbar antiapoptotisch in Zellen, die mit Sauerstoff und Nährstoffen unterversorgt sind. Dem entgegen kann HIF-1 aber auch Apoptose induzieren durch die Hochregulierung proapoptotischer Proteine wie p53 [118]. HIF-1 kann so, über die Verstärkung der Aktivierung von p53, einen strahlensensitivierenden Effekt ausüben und demnach wahrscheinlich Einfluss auf das Überleben bestimmter Krebszellen nach Bestrahlung haben. Aufgrund der Ergebnisse aus klinischen und molekularbiologischen Studien scheinen diese strahlensensibilisierenden Mechanismen von HIF, abhängig von Art und Beschaffenheit des Tumors und Dauer der Hypoxie, aber eine eher untergeordnete Rolle

zu spielen. Jedoch erlangen diese an Bedeutung mit zunehmender Länge, d.h. bei chronischer Hypoxie (> 24 h) [107; 116]. Für die Untersuchungen in dieser Arbeit wurde beim Großteil der Experimente mit akuter, d.h. kurzfristiger Hypoxie gearbeitet, da unter diesen Bedingungen die HIF-Stabilisierung und die Strahlenresistenz erzeugenden Mechanismen am stärksten ausgeprägt sind.

Mithilfe des p53 Nachweises im Immunoblot konnte hier allerdings gezeigt werden, dass p53 nach vier Stunden Hypoxie, also der Inkubationsdauer, die für die Bestrahlungen der HIF defizienten Zellen verwendet wurde, noch nicht hochreguliert bzw. stabilisiert war und somit keinen Einfluss auf das klonogene Überleben der Zellen haben konnte (Abb. 37). In den untersuchten Zelllinien MCF-7 und U2OS stiegen die p53-Proteinspiegel erst nach 24 Stunden Hypoxie nachweislich an.

Einfluss von NO auf die Strahlensensibilität

Der Einfluss von Stickstoffmonoxid auf die HIF-Proteinspiegel wird kontrovers diskutiert. Es konnte hier erstmalig gezeigt werden, dass es nach Inkubation mit dem NO-Stabilisator SNP zu einer leichten konzentrationsabhängigen Verringerung der Empfindlichkeit auf ionisierende Strahlung in den MCF-7 Zellen kommt. Es kann demnach angenommen werden, dass die NO-Akkumulation in den Zellen zu einer HIF-Stabilisierung führt. Dies stimmt überein mit der Ansicht der Arbeitsgruppe von Quintero et al., die eine durch NO in Normoxie hervorgerufene HIF-Stabilisierung zuvor beschrieben hatte [135].

Diskussion

4.4 Kurkumin – Antikanzerogen und natürlicher Radiosensitizer

Prooxidative und antioxidative Wirkungen des Kurkumins

Sowohl ROS als auch nitrosativer Stress spielen eine große Rolle bei der Entstehung neurodegenerativer Erkrankungen sowie beim Alterungsprozess [152]. Untersuchungen an Tieren konnten aufzeigen, dass Kurkumin neuroprotektiv wirkt durch seine Funktion als Antioxidans [153].

Aufgrund seiner Struktur kann Kurkumin stabile Radikale erzeugen, indem es Elektronen aufnimmt [57]. Die so entstehenden Kurkumin-Radikale können wiederum scheinbar verstärkt an Proteine binden [154]. Die später im Einzelnen dargelegten inhibierenden Einflüsse von Kurkumin auf NFκB und ARNT werden möglicherweise über diese radikalische Bindung vermittelt, die zum anschließenden Abbau der Proteine über das proteosomale System führt [155].

Kurkumin kann, dem entgegengesetzt, auch als Prooxidans fungieren, indem es Elektronen auf molekularen Sauerstoff überträgt [154]. Hohe Konzentrationen an Kurkumin (> 50 μM) können die Generation von reaktiven Sauerstoff-Spezies (ROS) initiieren. Eine über den physiologischen Bereich gesteigerte Produktion an ROS führt daraufhin zu intrazellulärem Stress und demzufolge zu zellulären Schäden, welche den Untergang von Krebszellen verstärken können [156].

Anhand der erlangten Ergebnisse aus den Vitalitäts-Assays (Abb. 18 a) und den ATF-4 Immunoblots (Abb. 31) ist, damit übereinstimmend, zu erkennen, dass höhere Konzentrationen an Kurkumin (60 μM) das Überleben der Zellen stark einschränken und einen durch ROS hervorgerufenen und über die Induktion von ATF4 vermittelten ER-Stress verstärken. Die Wirkung auf ATF4 und Zelltod wird u.a. dadurch gesteigert, dass Kurkumin die Ca^{2+}-ATPase inhibiert [157]. Dies resultiert in einer erhöhten zytosolischen Kalzium-Konzentration und infolge dessen in ER-Stress und Apoptose [80].

Inhibierung des (klonogenen) Überlebens durch Kurkumin

Den prooxidativen Effekten des Kurkumins gegenüber konnten hier ebenfalls Effekte auf Aktivitäten ROS-unabhängiger Mechanismen wie die Induktion von Caspasen und PARP bereits in niedrigeren Konzentrationen an Kurkumin (15-30 μM) nachgewiesen werden. Folglich kommt es nach Kurkumin-Inkubation zu einer mit Apoptose assoziierten Caspase

3/7 Induktion (Abb. 32). Caspase 3 initiiert im Folgenden die Spaltung von PARP. Ein entsprechender Nachweis konnte hier über die Detektion des 85 kDa großen PARP-Spaltprodukts im Western Blot geführt werden (Abb. 32) [80]. Normalerweise induzieren diese PARP-Enzyme, die u.a. an der DNA-Reparatur beteiligt sind, verschiedene Kaskaden und Faktoren wie NFκB, die das Überleben der (Krebs-) Zelle z.B nach Bestrahlung sichern. Da es durch Kurkumin aber, wie in Abbildung 33 zu sehen, zur gleichzeitigen Inhibierung von NFκB kommt, wird vorzugsweise der Apoptose-Signalweg durch die PARP-Spaltprodukte initiiert, da durch die NFκB-Hemmung das Zell-Überlebensprogramm nicht effektiv eingeschaltet werden kann. Es ist ebenfalls erkennbar, dass die durch Hypoxie noch verstärkte NFκB-Aktivität durch Kurkumin genauso effizient wie unter Normoxie gesenkt wird.

NFκB gilt als wichtiger Faktor bei der Tumorentwicklung durch seine anti-apoptotische Wirkungsweise in Krebszellen. Es zählt außerdem zu den Proteinen, die unabhängig von HIF-1α in Hypoxie reguliert werden. Dessen transkriptionelle Aktivität steigt nach 24 bis 48 h Hypoxie ebenfalls an [158]. Dieser Faktor wird zudem durch ROS aktiviert, die besonders stark während einer Reoxygenierung z.B. bei zyklisierender Hypoxie oder nach Bestrahlung entstehen [54]. Infolge der NFκB-Aktivierung können proinflammatorische Zytokine wie TNFα und IL-8, proapoptotische Proteine wie Bcl-2 oder Faktoren wie die iNOS, AP-1 und COX-2 ebenfalls hochreguliert werden [24].

Infolge eine NFκB-Inhibierung z.B. durch Kurkumin werden zusätzlich für das Wachstum und das Überleben der Krebszelle wichtige zelluläre Signaltransduktionswege, wie z.B. der MAP-Kinase-Weg, gehemmt und so das klonogene Überleben der Zellen stark eingeschränkt. Daher liegt in der Inhibierung von NFκB ein großes Potential, die Effektivität einer Chemo- und Radiotherapie zu steigern. Da die Kurkumin-Applikation in diesen Studien eine signifikante Hemmung der NFκB-Aktivität bewirkte, kann die Substanz ebenfalls als natürlicher NFκB-Inhibitor angesehen werden. Dies ist ein Grund, warum das Interesse der klinischen Forschung und der medizinischen Grundlagenforschung an der Substanz Kurkumin wächst.

Das Protein p53 wird durch Kurkumin leicht induziert und ist demnach vermutlich mit an dessen apoptotischer Wirkung beteiligt (Abb. 37). Außerdem spielt der Transkriptionsfaktor eine Rolle bei der Regulation von Zellproliferation, Zelltod und Entzündungsprozessen durch Induktion weiterer NFκB assoziierter Zielgene.

Diskussion

Weiterhin interessant im Zusammenhang von Kurkumin und Zelltod ist die Beobachtung anderer, dass Kurkumin Apoptose scheinbar besonderes in entarteten Zellen induziert und somit inhibierend auf das Tumorwachstum wirkt [81].

HIF-Inhibierung durch Kurkumin

In weiteren Untersuchungen dieser Arbeit konnte gezeigt werden, dass die antikanzerogene Aktivität von Kurkumin u.a. über die Inhibierung von HIF vermittelt wird. Erstmalig konnten hier divergente Effekte von Kurkumin – abhängig von der Sauerstoffverfügbarkeit – aufzeigt werden.

Höhere Konzentrationen an Kurkumin resultieren in einer leichten, aber signifikanten Akkumulation von HIF-1α Protein bereits nach vier Stunden unter normoxischen Bedingungen (Abb. 26). Da Kurkumin, wie bereits beschrieben, in höheren Konzentrationen zur Generierung von Radikalen beiträgt, ist dies vermutlich ein Grund, der zur teilweisen Hemmung der PHDs und damit zur Stabilisierung von HIF-α führt. Weiterhin ist es denkbar, dass die Eisen-chelatierende Wirkung des Kurkumins ebenfalls zur PHD-Inhibierung beisteuert. Da auch die Verfügbarkeit der ARNT-Untereinheiten sowohl in Normoxie als auch in Hypoxie nach Kurkumin-Applikation stark abnimmt, resultiert die HIF-α Proteinakkumulation in Normoxie jedoch in keiner verstärkten HIF-1-Aktivität.

Die nachgewiesene Destabilisierung der ARNT-Proteine erfolgt abhängig von der Konzentration und der Inkubationsdauer mit Kurkumin, nachweisbar in drei verschiedenen Zelllinien unterschiedlichen Ursprungs (Abb. 26). Einen verstärkten Abbau von ARNT über das proteosomale System nach Oxidation und Ubiquinierung des Proteins konnten Choi et al. belegen [155].

Die Behandlung von Zellen mit Kurkumin unter hypoxischen Bedingungen (1 % O_2) führt weiterhin zu einer signifikanten Abnahme der Proteinmengen von HIF-1α und HIF-2α. Die durchgeführten Reportergen-Studien demonstrieren, dass zugleich auch die Aktivität des Proteinkomplexes unter Hypoxie signifikant bereits nach wenigen Stunden gehemmt wird (Abb. 27). Eine Ursache hierfür ist die bereits erwähnte radikalische Bindung des Kurkumins an das ARNT-Protein und damit dessen Inaktivierung.

HIF-1α-Proteinspiegel weisen eine positive Korrelation zu Tumor-Progression und zu einer erhöhten Resistenz gegenüber Chemo- und Radiotherapie [43] auf. In in vitro-Studien reagierten Zervix- und Prostatakarzinom-Zellen strahlensensitiver nach Vorbehandlung mit Kurkumin [159; 160]. Die zur Bestätigung durchgeführten Untersuchungen an Hep3B

Hepatoma- und MCF-7 Mammakarzinoma-Zelllinien ergaben jedoch keine derart eindeutige strahlensensibilisierende Wirkung von Kurkumin in Normoxie oder Hypoxie in diesen Zellen (Abb. 29). Jedoch resultierte die Kurkumin-Behandlung per se in einer konzentrationsabhängigen Abnahme des klonogenen Überlebens dieser Zellen durch die bereits beschriebenen proapototischen Wirkungsweisen des Kurkumins (Abb. 28).

Wirkungen von Kurkumin auf zelluläre Signalkaskaden

Ein weiterer interessanter Aspekt ist, dass Kurkumin nicht nur direkt durch eine Interaktion mit der DNA, sondern möglicherweise auch indirekt über eine Kompetition mit Tumor-induzierenden Substanzen um spezifische Transportwege innerhalb der Zelle agiert und dadurch als Antikanzerogen wirken kann. So wird vermutet, dass Kurkumin mit Rezeptoren wie dem AhR interagiert [161].
Tatsächlich konnte hier am Beispiel der Hepatoma-Zelllinie Hep3B gezeigt werden, dass es durch Kurkumin-Behandlung zu einer Translokation des AhR in den Zellkern und anschließend zu einer Induktion des CYP450 Systems kommt (Abb. 34). Die Stärke der Wirkung von Kurkumin oder anderer Liganden auf den AhR und das CYP450 System wird vermutlich gleichzeitig durch die erhöhte proteosomale Degradation von ARNT, ebenfalls essentieller Dimerisierungs-Partner des AhR, durch Kurkumin eingeschränkt [162]. Es gibt Anhaltspunkte dafür, dass Kurkumin die Transformation des Rezeptors durch Inhibierung der Phosphorylierung von AhR und ARNT unterdrückt [163]. Überdies konnte hier beobachtet werden, dass die Stärke der Induktion des CYP450 Systems durch den spezifischen AhR-Liganden Benzo[a]pyren bei gleichzeitiger Applikation von Kurkumin in den untersuchten Hep3B und MCF-7 Zellen verringert wird (Abb. 34 B). Dies spricht für die Kompetition des Kurkumins mit dem Kanzerogen um die Bindungsstellen des AhR.
Die kompetitive und AhR-inhibierende Wirkung des Kurkumins hätte beispielsweise große Relevanz in Estrogen-sensitiven Tumoren der Brust, da so die Aktivierung des AhR durch kanzerogen wirkende Estrogen-Mimetika wie BaP oder TCDD (Tetrachlordibenzodioxine) abgeschwächt und so deren nachgeschaltete Wirkung auf Estrogen-Rezeptoren und andere Signalkaskaden vermindert werden könnte. Die Aktivierung des AhR durch TCDD oder andere Dioxine führt nämlich zur einer Rekrutierung des ERα an AhR-assoziierte Gene [73]. Diese ERα-AhR Protein-Protein Interaktion vermittelt folglich die Estradiol-abhängige Unterdrückung der Dioxin-induzierten Gen-Transkription [164]. Verma et al. sahen beispielsweise ein präventives Potential von Kurkumin (und Genistein) in verschiedenen

Diskussion

Brustkrebszellen, die mit ähnlichen Estrogen wirkenden Umweltchemikalien behandelt wurden [74].

Direkte Wirkmechanismen von Kurkumin auf die Estrogen-Rezeptoren werden in der Literatur kontrovers diskutiert. Einerseits konnten schwach östrogene Effekte des Kurkumins in physiologischen Konzentrationen gesehen werden [165]. Dem entgegen stehen verschiedene Berichte, dass Kurkumin die Rezeptoraktivität und das Wachstum ER-positiver Tumoren hemmt [74; 166].

Die hier zusätzlich nachgewiesene verminderte Expression des ERα in MCF-7 Zellen könnte sowohl durch die indirekte Wirkung des Kurkumin auf den ERα durch Interaktion des AhR mit dem ERα als auch durch dessen direkte Wirkung auf den ERα hervorgerufen worden sein (Abb. 35).

4.5 Zelluläre Wirkungen des Genisteins

In der Literatur gibt es Berichte über einen HIF-inhibierenden Effekt und strahlensensitivierende Eigenschaften auch des Genisteins in Prostata-Krebszellen [64; 167]. Innerhalb der Ergebnisse dieser Arbeit kann allerdings kein eindeutiger Effekt von Genistein auf die HIF-Proteinspiegel und -Aktivität oder auf die Strahlenresponsivität einer Brust- und einer Leber-Krebszelllinie erkannt werden (Abb. 30).

Ebenfalls untersuchte Überlebensmarker wie PARP-1/2 werden durch Genistein ebenso nicht beeinflusst (Abb. 32).

Jedoch inhibierte Genistein, ähnlich dem Kurkumin, signifikant die NFκB-Aktivität und kann so partiell Einfluss auf die Zellviabilität und Proliferation ausüben (Abb. 33). Es ist weiterhin festzustellen, dass Genistein zu einer leichten, aber deutlich erkennbaren Erhöhung der ATF4 Proteinspiegel nach vier und 24 Stunden Inkubation führt (Abb. 31). Dies lässt auf die Auslösung von ER-Stress in den untersuchten Leberkarzinomzellen durch Genistein schließen. Diese Wirkung ist allerdings schwächer ausgeprägt im Vergleich zur ATF4 Induktion durch Kurkumin.

Nach Genistein-Applikation wurde hier zudem p53 in der Zelle signifikant stabilisiert - ein Wirkmechanismus, der das Überleben der Tumorzellen beeinträchtigen kann (Abb. 37). Der Einfluss von Genistein auf Wachstum und Apoptose von Tumorzellen wird in der Literatur kontrovers diskutiert. Mai et. al. zeigten, dass Genistein Apoptose in MCF-7 Zellen in Konzentrationen 10 – 100 μM [168] induziert. Synergistische antiproliferative und proapoptotische Effekte in Kombination mit Chemotherapeutika wie Tamoxifen, Cisplatin und Doxorubizin konnten ebenfalls in Prostata-, Pankreas- und Lungenkarzinomzellen gefunden werden [169]. Die Inhibierung des Zellwachstums und die Induktion von Apoptose kann möglicherweise auch durch Inhibierung von NFκB bewirkt werden [170-172]. Andere Studien zeigten hingegen einen wachstumsstimulierenden Effekt auf ER-positive MCF-7 und zervikalen HeLa Zellen durch Genistein [173; 174].

Die zusätzlich erlangten Ergebnisse aus den Vitalitäts-Tests zusammen mit den p53- und ATF4-Blots und den NFκB-Reportergen-Studien deuten hier auf eine eher wachstumsinhibierende bzw. apoptotische Wirkung des Flavonoids auf Brust- und Leberkarzinomzellen hin. Die Auswertung und Gegenüberstellung der absoluten Klonzahlen von Genistein behandelten versus Kontrollzellen aus den klonogenen Assays gibt keinen eindeutigen Hinweis auf ein vermindertes Überleben der Genistein behandelten Zellen in Normoxie oder Hypoxie (Abb. 30).

Eine Aktivierung des Ah-Rezeptors und damit eine mögliche indirekte Wirkung der Substanz über Wechselwirkung des AhR mit den Estrogen-Rezeptoren kann nicht erkannt werden. Die antikanzerogenen Effekte von Soja bzw. Genistein beruhen daher vermutlich maßgebend auf dessen direkter Wirkung auf die Estrogen-Rezeptoren.

Diskussion

4.6 Resümee, Problemdiskussion und Aussichten

Aufgrund mehrerer Studien, zu denen auch die vorliegende ihren Beitrag leistet, ist man sich einig, dass HIF-1 ein aussichtsreicher therapeutischer Angriffspunkt innerhalb der Behandlung solider Tumoren darstellt, da dieser Transkriptionsfaktor das Überleben von Zellen, deren Proliferation, Invasion und metastatische Ausbreitung begünstigt [2; 53].

Durch die Analyse der Wirkungen nicht nur synthetisch generierter, sondern auch natürlich vorkommender HIF-Modulatoren gibt diese Arbeit demzufolge viele Anhaltspunkte für einen möglichen klinischen Einsatz von HIF-Inhibitoren und –Stabilisatoren, denn nach wie vor wird dem Potential einer Hypoxie-Modulation innerhalb der Tumortherapie in einigen klinischen Bereichen noch nicht genug Aufmerksamkeit geschenkt. Dabei zeigten verschiedene klinische Studien zusammengefasst einen verbesserten Effekt einer Strahlentherapie nach HIF-Modulation [175].

Die hier erlangten Ergebnisse liefern zudem ergänzende Belege, dass sich eine Ko-Therapie mit Kurkumin und chemisch modifizierten Kurkuminoiden innerhalb der Krebsbehandlung positiv auswirken kann, da Kurkumin nicht nur inhibierend auf HIF wirkt sondern auch antioxidative und proapoptoische Wirkungen aufweist. Verschiedene weitere Analysen zu zellulären Signalkaskaden wie Apoptose, Zell-Stress und Entzündungsmarkern unterstreichen, dass die beiden untersuchten Polyphenole Kurkumin und Genistein einen erkennbaren Nutzen für die Ko-Therapie von Tumoren erbringen können.

Ferner wurden Erkenntnisse gewonnen, dass nicht nur eine Modulation der HIF-Proteine selbst, sondern auch die Modulation von mit Hypoxie und der DNA-Reparatur assoziierter Faktoren sowie die Blockierung der innerhalb der HIF-Signalkaskade wichtiger Bindungspartner und Signaltransduktoren als aussichtsreich bewertet werden können zur Verbesserung einer Tumortherapie bzw. Strahlentherapie. Einige Möglichkeiten zur Beeinflussung dieser HIF-assoziierten Proteine und Signalkaskaden wie p53, Caspase 3, ROS, ARNT, NO und NFκB wurden bereits vorgestellt.

Das Verständnis über HIF-assoziierte Mechanismen gilt als essentiell, denn obwohl HIF-1α, HIF-2α und andere Faktoren als vielversprechende Angriffpunkte für eine Tumortherapie gelten, müssen Zeitfenster und Art des Einsatzes von direkten HIF-Inhibitoren bzw. Hemmern des HIF-Signalweges vor dem Einsatz in der Klinik genauestens untersucht und optimiert werden, da diese Inhibitoren unter Umständen den Effekt einer Radiotherapie auch vermindern können [176]. Dies gilt insbesondere, wenn diese in Kombination mit anderen

Behandlungsmethoden wie Chemotherapie oder Hyperthermie eingesetzt werden sollen. Weiterhin ist zu bedenken, dass HIF ebenfalls beteiligt sind an verschiedenen Hypoxie-unabhängigen Zellsignalwegen. Daher müssen Konsequenzen eines kompletten HIF-Knockdowns in unterschiedlichen Geweben ebenfalls bedacht und analysiert werden.

Im Kontrast dazu ist beim klinischen Einsatz von potentiellen HIF-Induktoren deren nicht immer selektive Wirkungsweise zu beachten. Die Verwendung von Eisenchelatoren (DFO) bzw. Eisen substituierenden Substanzen (Kobaltchlorid) zur PHD-Inhibierung hätte daneben auch weitreichende Konsequenzen für den gesamten Organismus, da Eisen für viele andere Proteine im Körper ebenfalls einen essentiellen Ko-Faktor bzw. Bestandteil darstellt. Hierzu zählen z.B. verschiedene Enzyme (Zytochrome, Peroxidasen, Katalase) oder auch das Hämoglobin und Myoglobin, deren Funktion durch Eisen-bindende oder -substituierende Pharmaka möglicherweise ebenfalls eingeschränkt wäre. Zudem können α-Ketoglutarat-Inhibitoren wie ^{t}Bu-2,4-PDC, neben den PHD, weitere α-Ketoglutarat-abhängige Oxygenasen hemmen. Daher müssen potentielle α-KG-Inhibitoren vor dem routinemäßigen klinischen Einsatz ebenfalls gründlich evaluiert werden. Dennoch zeigten erste klinische Studien mit α-KG-Analoga eine verstärkte EPO-Produktion bei den Patienten, ohne wesentliche toxische Nebeneffekte hervorzurufen [177].

Bei der Betrachtung der positiven Eigenschaften des Kurkumins muss angemerkt werden, dass die geringe gastrointestinale Aufnahme von Kurkumin bisher ein Manko in der Therapie mit dieser Substanz darstellt. Natürliche Kurkuminoide sind zwar stabil im sauren Milieu des Magens, jedoch wird deren Effektivität stark begrenzt durch die schlechte Bioverfügbarkeit, eine schnelle Metabolisierung im Organismus und die schlechte Löslichkeit in Wasser. Natürliche Substanzen wie Piperin aus schwarzem Pfeffer (Piper nigrum) oder auch eine chemische Modifikation des Kurkumins können dessen Aufnahme, Wasserlöslichkeit und Zell-Permeabilität und damit die Bioverfügbarkeit im Körper aber erheblich steigern [178; 179]. Die gezeigten Kurkumin-Aufnahmestudien konnten allerdings belegen, dass es in den untersuchten Zellkulturen, durch direkte Kurkumin-Applikation über das Medium, zu einer ausreichenden Aufnahme des Flavonoids in die Zellen kam, um Effekte der Substanz auf zelluläre Signalwege untersuchen zu können (Abb. 36).

Abschließend muss im Hinblick auf den chemopräventiven Einsatz von sogenannten Phytochemikalien wie Kurkumin und Genistein beachtet werden, dass die meisten Untersuchungen auch anderer Arbeitsgruppen *in vitro* durchgeführt und oftmals

Diskussion

Konzentrationen eingesetzt wurden, die über eine normale Zufuhr über die Nahrung nur schwer zu erreichen sind. Weiterhin ist unklar, ob man durch Molekül-Modifikationen einen ähnlich kompletten HIF Knockdown wie durch synthetische Inhibitoren erreichen kann. Dies gilt es, in weiterführenden Untersuchungen herauszufinden.

Die Ergebnisse zur Wirkung von Flavonoiden am Menschen stammen zumeist aus klinischen und epidemiologischen Studien. Hierbei spielen aber viele weitere individuelle Unterschiede eine Rolle wie genetische Polymorphismen, die Expression metabolisierender Gene, die Lebensweise (Rauchen, Übergewicht, Sport), die allgemeine tägliche Aufnahme von Isoflavonen sowie der Wohnort - alles Faktoren, die nur schwer aus den Ergebnissen *in vivo* herauszurechnen sind. Ziel ist es aber dennoch, Hinweise auf ein mögliches antikanzerogenes und zytoprotektives Potential verschiedener natürlicher Pflanzeninhaltsstoffe *in vitro* genauer zu untersuchen, um so die Durchführung klinischer Studien zu initiieren und deren Ergebnisse besser interpretieren zu können. Diese klinischen Studien können wiederum Aussage geben über mögliche Assoziationen zwischen einer verbesserten Therapierbarkeit bestimmter Tumoren und der kontrollierten Einnahme von Phytochemikalien. Diese Ergebnisse können dann durch die Resultate der *in vitro*-Versuche verifiziert werden. Da es *in vivo* zu gewebeübergreifenden und humoralen Einflüssen kommt, können so zudem weitere positive Effekte durch den gezielten Einsatz konzentrierter natürlicher Substanzen auftreten, die *in vitro* nicht eindeutig untersucht oder beobachtet werden können.

5. Zusammenfassung

Infolge von Hypoxie, hervorgerufen durch ein schnelles Tumorwachstum, werden ‚Hypoxia Inducible Factors' (HIF) in Tumorzellen stabilisiert. Die Aktivierung von HIF-1 korreliert negativ mit dem Erfolg einer Strahlentherapie und dem Überleben des Patienten.

Ziel war es zu zeigen, dass eine Hemmung der Transkriptionsfaktoren HIF-1 und HIF-2 *in vitro* durch ausgewählte synthetische sowie natürliche Komponenten eine Strahlensensibilisierung sowie ein vermindertes Wachstum von Tumorzellen bewirken kann.

Dazu wurden molekularbiologische Methoden wie funktionelle Analysen an HIF-defizienten im Vergleich zu HIF-stabilisierten Zellen unter normoxischen und hypoxischen Bedingungen angewendet. Eine HIF-Defizienz konnte zuvor über die Methode der RNA-Interferenz in Tumorzellen verschiedenen Ursprungs erzeugt werden. Besonderes Augenmerk lag auf der Analyse von Unterschieden zwischen HIF-1 und HIF-2 im Hinblick auf Strahlenresistenz, da HIF-2 diesbezüglich bisher wenig untersucht wurde. Weiterhin wurden die Pflanzeninhaltsstoffe Kurkumin und Genistein auf deren potentielle HIF-inhibierende, antikanzerogene und strahlensensibilisierende Wirkung hin untersucht.

Die *in vitro* Resultate der Experimente mit HIF-induzierten Tumorzellen bestätigen die HIF vermittelte Induktion von Strahlenresistenz in Tumorzellen. Dabei spielt es keine Rolle, ob HIF zuvor durch sauerstoffabhängige Mechanismen oder durch andere Faktoren wie ebenfalls untersuchte PHD-Inhibitoren stabilisiert wird. Die Ergebnisse dieser Arbeit gehen konform mit den *in vivo* Beobachtungen an entarteten Geweben und Tumoren, dass das Fehlen von HIF-1α mit einer besseren Behandelbarkeit dieser Zellen korreliert. Besonders hervorzuheben ist der neu nachgewiesene Einfluss von HIF-2α auf die Strahlensensibilität verschiedener humaner Tumorzellen. HIF-1 und HIF-2 können demzufolge als vielversprechende Ziele zur Tumor-Radiosensitivierung angesehen werden.

Diese Arbeit liefert weiterhin Belege, dass sich eine Ko-Therapie mit natürlichen Pflanzeninhaltsstoffen wie Kurkumin innerhalb der Krebsbehandlung positiv auswirken kann, da die Behandlung mit dieser Substanz zu einer Verminderung des Wachstums und des klonogenen Überlebens von Leber- und Brusttumorzellen führt, vermittelt über die Inhibierung von HIF und weiterer zellulärer Signalkaskaden. Das ebenfalls analysierte Flavonoid Genistein zeigt einen schwächer inhibierenden Einfluss auf das Überleben der analysierten Tumorzellen im Vergleich zu Kurkumin.

Die Betrachtung von mit Zell-Stress assoziierten Signalkaskaden gibt Hinweis auf die Beteiligung weiterer Faktoren an der Ausbildung einer Strahlenresistenz von Tumorzellen.

6. Literaturverzeichnis

[1] C.Weiss, [Normoxia ?]. Anasthesiol.Intensivmed.Notfallmed.Schmerzther. 39 Suppl 1, (2004) S32-S37.

[2] G.L.Semenza, Targeting HIF-1 for cancer therapy. Nat.Rev.Cancer. 3, (2003) 721-732.

[3] M.Robiolio, W.L.Rumsey, D.F.Wilson, Oxygen diffusion and mitochondrial respiration in neuroblastoma cells. Am.J.Physiol. 256, (1989) C1207-C1213.

[4] G.L.Semenza, Regulation of oxygen homeostasis by hypoxia-inducible factor 1. Physiology.(Bethesda.). 24, (2009) 97-106.

[5] G.L.Wang, B.H.Jiang, E.A.Rue, G.L.Semenza, Hypoxia-inducible factor 1 is a basic-helix-loop-helix-PAS heterodimer regulated by cellular O2 tension. Proc.Natl.Acad.Sci.U.S.A. 92, (1995) 5510-5514.

[6] A.Loboda, A.Jozkowicz, J.Dulak, HIF-1 and HIF-2 transcription factors--similar but not identical. Mol.Cells. 29, (2010) 435-442.

[7] M.S.Wiesener, J.S.Jurgensen, C.Rosenberger, C.K.Scholze, J.H.Horstrup, C.Warnecke, S.Mandriota, I.Bechmann, U.A.Frei, C.W.Pugh, P.J.Ratcliffe, S.Bachmann, P.H.Maxwell, K.U.Eckardt, Widespread hypoxia-inducible expression of HIF-2alpha in distinct cell populations of different organs. FASEB J. 17, (2003) 271-273.

[8] Y.Z.Gu, S.M.Moran, J.B.Hogenesch, L.Wartman, C.A.Bradfield, Molecular characterization and chromosomal localization of a third alpha-class hypoxia inducible factor subunit, HIF3alpha. Gene Expr. 7, (1998) 205-213.

[9] S.Hara, J.Hamada, C.Kobayashi, Y.Kondo, N.Imura, Expression and characterization of hypoxia-inducible factor (HIF)-3alpha in human kidney: suppression of HIF-mediated gene expression by HIF-3alpha. Biochem.Biophys.Res.Commun. 287, (2001) 808-813.

[10] N.V.Iyer, L.E.Kotch, F.Agani, S.W.Leung, E.Laughner, R.H.Wenger, M.Gassmann, J.D.Gearhart, A.M.Lawler, A.Y.Yu, G.L.Semenza, Cellular and developmental control of O2 homeostasis by hypoxia-inducible factor 1 alpha. Genes Dev. 12, (1998) 149-162.

[11] E.Metzen, U.Berchner-Pfannschmidt, P.Stengel, J.H.Marxsen, I.Stolze, M.Klinger, W.Q.Huang, C.Wotzlaw, T.Hellwig-Burgel, W.Jelkmann, H.Acker, J.Fandrey, Intracellular localisation of human HIF-1 alpha hydroxylases: implications for oxygen sensing. J.Cell Sci. 116, (2003) 1319-1326.

[12] Y.Makino, R.Cao, K.Svensson, G.Bertilsson, M.Asman, H.Tanaka, Y.Cao, A.Berkenstam, L.Poellinger, Inhibitory PAS domain protein is a negative regulator of hypoxia-inducible gene expression. Nature.2001. 414, (2001) 550-554.

[13] K.Lisy, D.J.Peet, Turn me on: regulating HIF transcriptional activity. Cell Death.Differ. 15, (2008) 642-649.

[14] P.H.Maxwell, M.S.Wiesener, G.W.Chang, S.C.Clifford, E.C.Vaux, M.E.Cockman, C.C.Wykoff, C.W.Pugh, E.R.Maher, P.J.Ratcliffe, The tumour suppressor protein VHL targets hypoxia-inducible factors for oxygen-dependent proteolysis. Nature. 399, (1999) 271-275.

[15] E.Berra, D.Roux, D.E.Richard, J.Pouyssegur, Hypoxia-inducible factor-1 alpha (HIF-1 alpha) escapes O(2)-driven proteasomal degradation irrespective of its subcellular localization: nucleus or cytoplasm. EMBO Rep. 2, (2001) 615-620.

[16] D.Chilov, G.Camenisch, I.Kvietikova, U.Ziegler, M.Gassmann, R.H.Wenger, Induction and nuclear translocation of hypoxia-inducible factor-1 (HIF-1): heterodimerization with ARNT is not necessary for nuclear accumulation of HIF-1alpha. J.Cell Sci. 112, (1999) 1203-1212.

[17] V.A.Carroll, M.Ashcroft, Targeting the molecular basis for tumour hypoxia. Expert.Rev.Mol.Med. 7, (2005) 1-16.

[18] M.W.Dewhirst, Relationships between cycling hypoxia, HIF-1, angiogenesis and oxidative stress. Radiat.Res.2009.Dec. 172, (2009) 653-665.

[19] M.W.Dewhirst, Y.Cao, B.Moeller, Cycling hypoxia and free radicals regulate angiogenesis and radiotherapy response. Nat.Rev.Cancer.2008. 8, (2008) 425-437.

[20] N.S.Chandel, P.T.Schumacker, Cellular oxygen sensing by mitochondria: old questions, new insight. J.Appl.Physiol. 88, (2000) 1880-1889.

[21] R.H.Wenger, Cellular adaptation to hypoxia: O2-sensing protein hydroxylases, hypoxia-inducible transcription factors, and O2-regulated gene expression. FASEB J. 16, (2002) 1151-1162.

[22] G.L.Semenza, Hypoxia-inducible factor 1 (HIF-1) pathway. Sci.STKE.2007.Oct.9. 2007, (2007) cm8.

[23] J.Pouyssegur, F.Dayan, N.M.Mazure, Hypoxia signalling in cancer and approaches to enforce tumour regression. Nature. 441, (2006) 437-443.

[24] P.Vaupel, A.Mayer, M.Hockel, Tumor hypoxia and malignant progression. Methods Enzymol. 381, (2004) 335-354.

[25] M.Hockel, P.Vaupel, Tumor hypoxia: definitions and current clinical, biologic, and molecular aspects. J.Natl.Cancer Inst. 93, (2001) 266-276.

[26] E.B.Rankin, A.J.Giaccia, The role of hypoxia-inducible factors in tumorigenesis. Cell Death.Differ. 15, (2008) 678-685.

[27] R.H.Wenger, D.P.Stiehl, G.Camenisch, Integration of oxygen signaling at the consensus HRE. Sci.STKE.2005. 2005, (2005) re12.

[28] M.S.Wiesener, H.Turley, W.E.Allen, C.Willam, K.U.Eckardt, K.L.Talks, S.M.Wood, K.C.Gatter, A.L.Harris, C.W.Pugh, P.J.Ratcliffe, P.H.Maxwell, Induction of endothelial PAS domain protein-1 by hypoxia: characterization and comparison with hypoxia-inducible factor-1alpha. Blood. 92, (1998) 2260-2268.

[29] C.J.Hu, L.Y.Wang, L.A.Chodosh, B.Keith, M.C.Simon, Differential roles of hypoxia-inducible factor 1alpha (HIF-1alpha) and HIF-2alpha in hypoxic gene regulation. Mol.Cell Biol.2003. 23, (2003) 9361-9374.

[30] H.M.Sowter, R.R.Raval, J.W.Moore, P.J.Ratcliffe, A.L.Harris, Predominant role of hypoxia-inducible transcription factor (Hif)-1alpha versus Hif-2alpha in regulation of the transcriptional response to hypoxia. Cancer Res. 63, (2003) 6130-6134.

[31] J.D.Gordan, M.C.Simon, Hypoxia-inducible factors: central regulators of the tumor phenotype. Curr.Opin.Genet.Dev. 17, (2007) 71-77.

[32] V.A.Carroll, M.Ashcroft, Role of hypoxia-inducible factor (HIF)-1alpha versus HIF-2alpha in the regulation of HIF target genes in response to hypoxia, insulin-like growth factor-I, or loss of von Hippel-Lindau function: implications for targeting the HIF pathway. Cancer Res.2006. 66, (2006) 6264-6270.

[33] T.Imamura, H.Kikuchi, M.T.Herraiz, D.Y.Park, Y.Mizukami, M.Mino-Kenduson, M.P.Lynch, B.R.Rueda, Y.Benita, R.J.Xavier, D.C.Chung, HIF-1alpha and HIF-2alpha have divergent roles in colon cancer. Int.J.Cancer. 124, (2009) 763-771.

[34] C.Warnecke, Z.Zaborowska, J.Kurreck, V.A.Erdmann, U.Frei, M.Wiesener, K.U.Eckardt, Differentiating the functional role of hypoxia-inducible factor (HIF)-1alpha and HIF-2alpha (EPAS-1) by the use of RNA interference: erythropoietin is a HIF-2alpha target gene in Hep3B and Kelly cells. FASEB J. 18, (2004) 1462-1464.

[35] K.L.Covello, J.Kehler, H.Yu, J.D.Gordan, A.M.Arsham, C.J.Hu, P.A.Labosky, M.C.Simon, B.Keith, HIF-2alpha regulates Oct-4: effects of hypoxia on stem cell function, embryonic development, and tumor growth. Genes Dev. 20, (2006) 557-570.

[36] G.Qing, M.C.Simon, Hypoxia inducible factor-2alpha: a critical mediator of aggressive tumor phenotypes. Curr.Opin.Genet.Dev. 19, (2009) 60-66.

[37] L.Holmquist-Mengelbier, E.Fredlund, T.Lofstedt, R.Noguera, S.Navarro, H.Nilsson, A.Pietras, J.Vallon-Christersson, A.Borg, K.Gradin, L.Poellinger, S.Pahlman, Recruitment of HIF-1alpha and HIF-2alpha to common target genes is differentially regulated in neuroblastoma: HIF-2alpha promotes an aggressive phenotype. Cancer Cell.2006. 10, (2006) 413-423.

[38] J.Peng, L.Zhang, L.Drysdale, G.H.Fong, The transcription factor EPAS-1/hypoxia-inducible factor 2alpha plays an important role in vascular remodeling. Proc.Natl.Acad.Sci.U.S.A. 97, (2000) 8386-8391.

[39] C.P.Bracken, A.O.Fedele, S.Linke, W.Balrak, K.Lisy, M.L.Whitelaw, D.J.Peet, Cell-specific regulation of hypoxia-inducible factor (HIF)-1alpha and HIF-2alpha stabilization and transactivation in a graded oxygen environment. J.Biol.Chem. 281, (2006) 22575-22585.

[40] P.Koivunen, M.Hirsila, V.Gunzler, K.I.Kivirikko, J.Myllyharju, Catalytic properties of the asparaginyl hydroxylase (FIH) in the oxygen sensing pathway are distinct from those of its prolyl 4-hydroxylases. J.Biol.Chem. 279, (2004) 9899-9904.

[41] S.Osinsky, M.Zavelevich, P.Vaupel, Tumor hypoxia and malignant progression. Exp.Oncol. 31, (2009) 80-86.

[42] P.Vaupel, L.Harrison, Tumor hypoxia: causative factors, compensatory mechanisms, and cellular response. Oncologist. 9 Suppl 5, (2004) 4-9.

[43] P.Birner, M.Schindl, A.Obermair, C.Plank, G.Breitenecker, G.Oberhuber, Overexpression of hypoxia-inducible factor 1alpha is a marker for an unfavorable prognosis in early-stage invasive cervical cancer. Cancer Res. 60, (2000) 4693-4696.

[44] M.Krieg, R.Haas, H.Brauch, T.Acker, I.Flamme, K.H.Plate, Up-regulation of hypoxia-inducible factors HIF-1alpha and HIF-2alpha under normoxic conditions in renal carcinoma cells by von Hippel-Lindau tumor suppressor gene loss of function. Oncogene. 19, (2000) 5435-5443.

[45] R.Ravi, B.Mookerjee, Z.M.Bhujwalla, C.H.Sutter, D.Artemov, Q.Zeng, L.E.Dillehay, A.Madan, G.L.Semenza, A.Bedi, Regulation of tumor angiogenesis by p53-induced degradation of hypoxia-inducible factor 1alpha. Genes Dev. 14, (2000) 34-44.

[46] J.Yang, A.Ahmed, E.Poon, N.Perusinghe, B.A.de Haven, G.Box, M.Valenti, S.Eccles, K.Rouschop, B.Wouters, M.Ashcroft, Small-molecule activation of p53 blocks hypoxia-inducible factor 1alpha and vascular endothelial growth factor expression in vivo and leads to tumor cell apoptosis in normoxia and hypoxia. Mol.Cell Biol. 29, (2009) 2243-2253.

[47] A.Weidemann, R.S.Johnson, Biology of HIF-1alpha. Cell Death.Differ.2008. 15, (2008) 621-627.

[48] J.M.Brown, Exploiting the hypoxic cancer cell: mechanisms and therapeutic strategies. Mol.Med.Today. 6, (2000) 157-162.

[49] D.M.Aebersold, P.Burri, K.T.Beer, J.Laissue, V.Djonov, R.H.Greiner, G.L.Semenza, Expression of hypoxia-inducible factor-1alpha: a novel predictive and prognostic parameter in the radiotherapy of oropharyngeal cancer. Cancer Res. 61, (2001) 2911-2916.

[50] D.Generali, F.M.Buffa, A.Berruti, M.P.Brizzi, L.Campo, S.Bonardi, A.Bersiga, G.Allevi, M.Milani, S.Aguggini, M.Papotti, L.Dogliotti, A.Bottini, A.L.Harris, S.B.Fox, Phosphorylated ERalpha, HIF-1alpha, and MAPK signaling as predictors of primary endocrine treatment response and resistance in patients with breast cancer. J.Clin.Oncol. 27, (2009) 227-234.

[51] M.W.Dewhirst, Y.Cao, C.Y.Li, B.Moeller, Exploring the role of HIF-1 in early angiogenesis and response to radiotherapy. Radiother.Oncol. 83, (2007) 249-255.

[52] B.A.Teicher, Hypoxia and drug resistance. Cancer Metastasis Rev. 13, (1994) 139-168.

[53] P.Vaupel, The role of hypoxia-induced factors in tumor progression. Oncologist. 9 Suppl 5, (2004) 10-17.

[54] C.Michiels, E.Minet, D.Mottet, M.Raes, Regulation of gene expression by oxygen: NF-kappaB and HIF-1, two extremes. Free Radic.Biol.Med. 33, (2002) 1231-1242.

[55] N.C.Warshakoon, S.Wu, A.Boyer, R.Kawamoto, S.Renock, K.Xu, M.Pokross, A.G.Evdokimov, S.Zhou, C.Winter, R.Walter, M.Mekel, Design and synthesis of a series of novel pyrazolopyridines as HIF-1alpha prolyl hydroxylase inhibitors. Bioorg.Med.Chem.Lett. 16, (2006) 5687-5690.

[56] C.A.Rice-Evans, N.J.Miller, G.Paganga, Structure-antioxidant activity relationships of flavonoids and phenolic acids. Free Radic.Biol.Med. 20, (1996) 933-956.

[57] K.I.Priyadarsini, D.K.Maity, G.H.Naik, M.S.Kumar, M.K.Unnikrishnan, J.G.Satav, H.Mohan, Role of phenolic O-H and methylene hydrogen on the free radical reactions and antioxidant activity of curcumin. Free Radic.Biol.Med. 35, (2003) 475-484.

Literaturverzeichnis

[58] D.Wang, Y.Huang, Q.Li, S.Xu, X.Liu, [Anti-apoptotic effect of ginsenoside Rg1 on neuron after neonatal hypoxia ischemia brain damage]. Zhongguo.Xiu.Fu.Chong.Jian.Wai.Ke.Za.Zhi. 24, (2010) 1107-1112.

[59] L.Zeng, S.Kizaka-Kondoh, S.Itasaka, X.Xie, M.Inoue, K.Tanimoto, K.Shibuya, M.Hiraoka, Hypoxia inducible factor-1 influences sensitivity to paclitaxel of human lung cancer cell lines under normoxic conditions. Cancer Sci. 98, (2007) 1394-1401.

[60] X.F.Gao, H.M.Shi, T.Sun, H.Ao, Effects of Radix et Rhizoma Rhodiolae Kirilowii on expressions of von Willebrand factor, hypoxia-inducible factor 1 and vascular endothelial growth factor in myocardium of rats with acute myocardial infarction. Zhong.Xi.Yi.Jie.He.Xue.Bao. 7, (2009) 434-440.

[61] S.S.Lee, C.H.Tsai, S.F.Yang, Y.C.Ho, Y.C.Chang, Hypoxia inducible factor-1alpha expression in areca quid chewing-associated oral squamous cell carcinomas. Oral Dis.(2010).

[62] W.He, Z.M.Qian, L.Zhu, Q.Christopher, F.Du, W.H.Yung, Y.Ke, Ginkgolides mimic the effects of hypoxic preconditioning to protect C6 cells against ischemic injury by up-regulation of hypoxia-inducible factor-1 alpha and erythropoietin. Int.J.Biochem.Cell Biol. 40, (2008) 651-662.

[63] M.Shimizu, Y.Shirakami, H.Sakai, Y.Yasuda, M.Kubota, S.Adachi, H.Tsurumi, Y.Hara, H.Moriwaki, (-)-Epigallocatechin gallate inhibits growth and activation of the VEGF/VEGFR axis in human colorectal cancer cells. Chem.Biol.Interact. 185, (2010) 247-252.

[64] V.Singh-Gupta, H.Zhang, S.Banerjee, D.Kong, J.J.Raffoul, F.H.Sarkar, G.G.Hillman, Radiation-induced HIF-1alpha cell survival pathway is inhibited by soy isoflavones in prostate cancer cells. Int.J.Cancer. 124, (2009) 1675-1684.

[65] J.Lu, K.Zhang, S.Chen, W.Wen, Grape seed extract inhibits VEGF expression via reducing HIF-1alpha protein expression. Carcinogenesis. 30, (2009) 636-644.

[66] S.Y.Park, K.J.Jeong, J.Lee, D.S.Yoon, W.S.Choi, Y.K.Kim, J.W.Han, Y.M.Kim, B.K.Kim, H.Y.Lee, Hypoxia enhances LPA-induced HIF-1alpha and VEGF expression: their inhibition by resveratrol. Cancer Lett. 258, (2007) 63-69.

[67] I.Y.Choi, S.J.Kim, H.J.Jeong, S.H.Park, Y.S.Song, J.H.Lee, T.H.Kang, J.H.Park, G.S.Hwang, E.J.Lee, S.H.Hong, H.M.Kim, J.Y.Um, Hesperidin inhibits expression of hypoxia inducible factor-1 alpha and inflammatory cytokine production from mast cells. Mol.Cell Biochem. 305, (2007) 153-161.

[68] P.Garcia-Maceira, J.Mateo, Silibinin inhibits hypoxia-inducible factor-1alpha and mTOR/p70S6K/4E-BP1 signalling pathway in human cervical and hepatoma cancer cells: implications for anticancer therapy. Oncogene. 28, (2009) 313-324.

[69] J.Upadhyay, R.K.Kesharwani, K.Misra, Comparative study of antioxidants as cancer preventives through inhibition of HIF-1 alpha activity. Bioinformation.2009. 4, (2009) 233-236.

[70] S.Baatout, H.Derradji, P.Jacquet, M.Mergeay, Increased radiation sensitivity of an eosinophilic cell line following treatment with epigallocatechin-gallate, resveratrol and curcuma. Int.J.Mol.Med. 15, (2005) 337-352.

[71] M.Stilmann, M.Hinz, S.C.Arslan, A.Zimmer, V.Schreiber, C.Scheidereit, A nuclear poly(ADP-ribose)-dependent signalosome confers DNA damage-induced IkappaB kinase activation. Mol.Cell. 36, (2009) 365-378.

[72] K.Reyes-Gordillo, J.Segovia, M.Shibayama, P.Vergara, M.G.Moreno, P.Muriel, Curcumin protects against acute liver damage in the rat by inhibiting NF-kappaB, proinflammatory cytokines production and oxidative stress. Biochim.Biophys.Acta. 1770, (2007) 989-996.

[73] J.Matthews, J.A.Gustafsson, Estrogen receptor and aryl hydrocarbon receptor signaling pathways. Nucl.Recept.Signal. 4, (2006) e016.

[74] S.P.Verma, B.R.Goldin, P.S.Lin, The inhibition of the estrogenic effects of pesticides and environmental chemicals by curcumin and isoflavonoids. Environ.Health Perspect. 106, (1998) 807-812.

[75] I.Rahman, S.K.Biswas, P.A.Kirkham, Regulation of inflammation and redox signaling by dietary polyphenols. Biochem.Pharmacol. 72, (2006) 1439-1452.

[76] R.S.Ramsewak, D.L.DeWitt, M.G.Nair, Cytotoxicity, antioxidant and anti-inflammatory activities of curcumins I-III from Curcuma longa. Phytomedicine. 7, (2000) 303-308.

[77] A.Duvoix, R.Blasius, S.Delhalle, M.Schnekenburger, F.Morceau, E.Henry, M.Dicato, M.Diederich, Chemopreventive and therapeutic effects of curcumin. Cancer Lett. 223, (2005) 181-190.

[78] D.Ranjan, C.Chen, T.D.Johnston, H.Jeon, M.Nagabhushan, Curcumin inhibits mitogen stimulated lymphocyte proliferation, NFkappaB activation, and IL-2 signaling. J.Surg.Res. 121, (2004) 171-177.

[79] J.T.Piper, S.S.Singhal, M.S.Salameh, R.T.Torman, Y.C.Awasthi, S.Awasthi, Mechanisms of anticarcinogenic properties of curcumin: the effect of curcumin on glutathione linked detoxification enzymes in rat liver. Int.J.Biochem.Cell Biol. 30, (1998) 445-456.

[80] J.Bakhshi, L.Weinstein, K.S.Poksay, B.Nishinaga, D.E.Bredesen, R.V.Rao, Coupling endoplasmic reticulum stress to the cell death program in mouse melanoma cells: effect of curcumin. Apoptosis. 13, (2008) 904-914.

[81] C.Syng-Ai, A.L.Kumari, A.Khar, Effect of curcumin on normal and tumor cells: role of glutathione and bcl-2. Mol.Cancer Ther. 3, (2004) 1101-1108.

[82] J.S.Jurenka, Anti-inflammatory properties of curcumin, a major constituent of Curcuma longa: a review of preclinical and clinical research. Altern.Med.Rev. 14, (2009) 141-153.

[83] B.B.Aggarwal, K.B.Harikumar, Potential therapeutic effects of curcumin, the anti-inflammatory agent, against neurodegenerative, cardiovascular, pulmonary, metabolic, autoimmune and neoplastic diseases. Int.J.Biochem.Cell Biol. 41, (2009) 40-59.

[84] C.Gao, Z.Ding, B.Liang, N.Chen, D.Cheng, [Study on the effects of curcumin on angiogenesis] Zhong.Yao.Cai. 26, (2003) 499-502.

[85] T.H.Leu, M.C.Maa, The molecular mechanisms for the antitumorigenic effect of curcumin. Curr.Med.Chem.Anticancer Agents. 2, (2002) 357-370.

[86] T.Kawamori, R.Lubet, V.E.Steele, G.J.Kelloff, R.B.Kaskey, C.V.Rao, B.S.Reddy, Chemopreventive effect of curcumin, a naturally occurring anti-inflammatory agent, during the promotion/progression stages of colon cancer. Cancer Res. 59, (1999) 597-601.

Literaturverzeichnis

[87] S.K.Sandur, A.Deorukhkar, M.K.Pandey, A.M.Pabon, S.Shentu, S.Guha, B.B.Aggarwal, S.Krishnan, Curcumin modulates the radiosensitivity of colorectal cancer cells by suppressing constitutive and inducible NF-kappaB activity. Int.J.Radiat.Oncol.Biol.Phys.2009.Oct.1. 75, (2009) 534-542.

[88] R.A.Sharma, A.J.Gescher, W.P.Steward, Curcumin: the story so far. Eur.J.Cancer. 41, (2005) 1955-1968.

[89] S.D.Deodhar, R.Sethi, R.C.Srimal, Preliminary study on antirheumatic activity of curcumin (diferuloyl methane). Indian J.Med.Res. 71, (1980) 632-634.

[90] A.Goel, A.B.Kunnumakkara, B.B.Aggarwal, Curcumin as "Curecumin": from kitchen to clinic. Biochem.Pharmacol. 75, (2008) 787-809.

[91] Y.Jiao, J.Wilkinson, X.Di, W.Wang, H.Hatcher, N.D.Kock, R.J.D'Agostino, M.A.Knovich, F.M.Torti, S.V.Torti, Curcumin, a cancer chemopreventive and chemotherapeutic agent, is a biologically active iron chelator. Blood. 113, (2009) 462-469.

[92] S.Bolca, M.Urpi-Sarda, P.Blondeel, N.Roche, L.Vanhaecke, S.Possemiers, N.Al-Maharik, N.Botting, K.D.De, M.Bracke, A.Heyerick, C.Manach, H.Depypere, Disposition of soy isoflavones in normal human breast tissue. Am.J.Clin.Nutr. 91, (2010) 976-984.

[93] J.W.Lampe, Y.Nishino, R.M.Ray, C.Wu, W.Li, M.G.Lin, D.L.Gao, Y.Hu, J.Shannon, H.Stalsberg, P.L.Porter, C.L.Frankenfeld, K.Wahala, D.B.Thomas, Plasma isoflavones and fibrocystic breast conditions and breast cancer among women in Shanghai, China. Cancer Epidemiol.Biomarkers.Prev. 16, (2007) 2579-2586.

[94] N.Kurahashi, M.Iwasaki, S.Sasazuki, T.Otani, M.Inoue, S.Tsugane, Soy product and isoflavone consumption in relation to prostate cancer in Japanese men. Cancer Epidemiol.Biomarkers.Prev. 16, (2007) 538-545.

[95] W.G.Helferich, J.E.Andrade, M.S.Hoagland, Phytoestrogens and breast cancer: a complex story. Inflammopharmacology. 16, (2008) 219-226.

[96] P.M.Martin, K.B.Horwitz, D.S.Ryan, W.L.McGuire, Phytoestrogen interaction with estrogen receptors in human breast cancer cells. Endocrinology. 103, (978) 1860-1867.

[97] C.K.Taylor, R.M.Levy, J.C.Elliott, B.P.Burnett, The effect of genistein aglycone on cancer and cancer risk: a review of in vitro, preclinical, and clinical studies. Nutr.Rev.2009. 67, (2009) 398-415.

[98] P.A.Riley, Free radicals in biology: oxidative stress and the effects of ionizing radiation. Int.J.Radiat.Biol. 65, (1994) 27-33.

[99] L.H.GRAY, A.D.CONGER, M.EBERT, S.HORNSEY, O.C.SCOTT, The concentration of oxygen dissolved in tissues at the time of irradiation as a factor in radiotherapy. Br.J.Radiol. 26, (1953) 638-648.

[100] L.B.Harrison, M.Chadha, R.J.Hill, K.Hu, D.Shasha, Impact of tumor hypoxia and anemia on radiation therapy outcomes. Oncologist. 7, (2002) 492-508.

[101] D.Katz, E.Ito, F.F.Liu, On the path to seeking novel radiosensitizers. Int.J.Radiat.Oncol.Biol.Phys. 73, (2009) 988-996.

[102] W.F.Morgan, M.B.Sowa, Effects of ionizing radiation in nonirradiated cells. Proc.Natl.Acad.Sci.U.S.A. 102, (2005) 14127-14128.

[103] L.M.Martin, B.Marples, M.Coffey, M.Lawler, T.H.Lynch, D.Hollywood, L.Marignol, DNA mismatch repair and the DNA damage response to ionizing radiation: making sense of apparently conflicting data. Cancer Treat.Rev. 36, (2010) 518-527.

[104] M.Ljungman, The DNA damage response--repair or despair? Environ.Mol.Mutagen 51, (2010) 879-889.

[105] L.Li, M.Story, R.J.Legerski, Cellular responses to ionizing radiation damage. Int.J.Radiat.Oncol.Biol.Phys. 49, (2001) 1157-1162.

[106] C.Belka, The fate of irradiated tumor cells. Oncogene. 25, (2006) 969-971.

[107] D.C.Shrieve, J.W.Harris, The in vitro sensitivity of chronically hypoxic EMT6/SF cells to X-radiation and hypoxic cell radiosensitizers. Int.J.Radiat.Biol.Relat.Stud.Phys.Chem.Med. 48, (1985) 127-138.

[108] K.J.Williams, B.A.Telfer, D.Xenaki, M.R.Sheridan, I.Desbaillets, H.J.Peters, D.Honess, A.L.Harris, G.U.Dachs, d.K.van, I.J.Stratford, Enhanced response to radiotherapy in tumours deficient in the function of hypoxia-inducible factor-1. Radiother.Oncol. 75, (2005) 89-98.

[109] B.G.Wouters, d.B.van, M.G.Magagnin, M.Koritzinsky, D.Fels, C.Koumenis, Control of the hypoxic response through regulation of mRNA translation. Semin.Cell Dev.Biol.2005. 16, (2005) 487-501.

[110] N.Kedersha, P.Anderson, Stress granules: sites of mRNA triage that regulate mRNA stability and translatability. Biochem.Soc.Trans. 30, (2002) 963-969.

[111] B.J.Moeller, Y.Cao, C.Y.Li, M.W.Dewhirst, Radiation activates HIF-1 to regulate vascular radiosensitivity in tumors: role of reoxygenation, free radicals, and stress granules. Cancer Cell. 5, (2004) 429-441.

[112] H.Harada, S.Itasaka, S.Kizaka-Kondoh, K.Shibuya, A.Morinibu, K.Shinomiya, M.Hiraoka, The Akt/mTOR pathway assures the synthesis of HIF-1alpha protein in a glucose- and reoxygenation-dependent manner in irradiated tumors. J.Biol.Chem.2009.Feb.20. 284, (2009) 5332-5342.

[113] E.Metzen, J.Zhou, W.Jelkmann, J.Fandrey, B.Brune, Nitric oxide impairs normoxic degradation of HIF-1alpha by inhibition of prolyl hydroxylases. Mol.Biol.Cell. 14, (2003) 3470-3481.

[114] U.Berchner-Pfannschmidt, S.Tug, B.Trinidad, F.Oehme, H.Yamac, C.Wotzlaw, I.Flamme, J.Fandrey, Nuclear oxygen sensing: induction of endogenous prolyl-hydroxylase 2 activity by hypoxia and nitric oxide. J.Biol.Chem. 283, (2008) 31745-31753.

[115] B.J.Moeller, M.W.Dewhirst, HIF-1 and tumour radiosensitivity. Br.J.Cancer. 95, (2006) 1-5.

[116] B.J.Moeller, R.A.Richardson, M.W.Dewhirst, Hypoxia and radiotherapy: opportunities for improved outcomes in cancer treatment. Cancer Metastasis Rev. 26, (2007) 241-248.

[117] A.Unruh, A.Ressel, H.G.Mohamed, R.S.Johnson, R.Nadrowitz, E.Richter, D.M.Katschinski, R.H.Wenger, The hypoxia-inducible factor-1 alpha is a negative factor for tumor therapy. Oncogene. 22, (2003) 3213-3220.

[118] B.J.Moeller, M.R.Dreher, Z.N.Rabbani, T.Schroeder, Y.Cao, C.Y.Li, M.W.Dewhirst, Pleiotropic effects of HIF-1 blockade on tumor radiosensitivity. Cancer Cell. 8, (2005) 99-110.

[119] N.Goda, H.E.Ryan, B.Khadivi, W.McNulty, R.C.Rickert, R.S.Johnson, Hypoxia-inducible factor 1alpha is essential for cell cycle arrest during hypoxia. Mol.Cell Biol. 23, (2003) 359-369.

[120] R.Wirthner, S.Wrann, K.Balamurugan, R.H.Wenger, D.P.Stiehl, Impaired DNA double-strand break repair contributes to chemoresistance in HIF-1 alpha-deficient mouse embryonic fibroblasts. Carcinogenesis. 29, (2008) 2306-2316.

[121] N.K.Sah, Z.Khan, G.J.Khan, P.S.Bisen, Structural, functional and therapeutic biology of survivin. Cancer Lett. 244, (2006) 164-171.

[122] Z.B.Zhu, S.K.Makhija, B.Lu, M.Wang, L.Kaliberova, B.Liu, A.A.Rivera, D.M.Nettelbeck, P.J.Mahasreshti, C.A.Leath, S.Barker, M.Yamaoto, F.Li, R.D.Alvarez, D.T.Curiel, Transcriptional targeting of tumors with a novel tumor-specific survivin promoter. Cancer Gene Ther. 11, (2004) 256-262.

[123] L.Moretti, Y.I.Cha, K.J.Niermann, B.Lu, Switch between apoptosis and autophagy: radiation-induced endoplasmic reticulum stress? Cell Cycle. 6, (2007) 793-798.

[124] R.V.Rao, H.M.Ellerby, D.E.Bredesen, Coupling endoplasmic reticulum stress to the cell death program. Cell Death.Differ. 11, (2004) 372-380.

[125] D.E.Feldman, V.Chauhan, A.C.Koong, The unfolded protein response: a novel component of the hypoxic stress response in tumors. Mol.Cancer Res. 3, (2005) 597-605.

[126] K.Ameri, A.L.Harris, Activating transcription factor 4. Int.J.Biochem.Cell Biol. 40, (2008) 14-21.

[127] J.Ye, C.Koumenis, ATF4, an ER stress and hypoxia-inducible transcription factor and its potential role in hypoxia tolerance and tumorigenesis. Curr.Mol.Med. 9, (2009) 411-416.

[128] A.C.Bharti, Y.Takada, B.B.Aggarwal, PARP cleavage and caspase activity to assess chemosensitivity. Methods Mol.Med. 111, (2005) 69-78.

[129] D.P.Stiehl, W.Jelkmann, R.H.Wenger, T.Hellwig-Burgel, Normoxic induction of the hypoxia-inducible factor 1alpha by insulin and interleukin-1beta involves the phosphatidylinositol 3-kinase pathway. FEBS Lett. 512, (2002) 157-162.

[130] E.Metzen, M.Wolff, J.Fandrey, W.Jelkmann, Pericellular PO2 and O2 consumption in monolayer cell cultures. Respir.Physiol. 100, (1995) 101-106.

[131] K.P.Lai, M.H.Wong, C.K.Wong, Modulation of AhR-mediated CYP1A1 mRNA and EROD activities by 17beta-estradiol and dexamethasone in TCDD-induced H411E cells. Toxicol.Sci. 78, (2004) 41-49.

[132] K.Morito, T.Aomori, T.Hirose, J.Kinjo, J.Hasegawa, S.Ogawa, S.Inoue, M.Muramatsu, Y.Masamune, Interaction of phytoestrogens with estrogen receptors alpha and beta (II). Biol.Pharm.Bull. 25, (2002) 48-52.

[133] C.Cooper, G.Y.Liu, Y.L.Niu, S.Santos, L.C.Murphy, P.H.Watson, Intermittent hypoxia induces proteasome-dependent down-regulation of estrogen receptor alpha in human breast carcinoma. Clin.Cancer Res. 10, (2004) 8720-8727.

[134] J.M.Yi, H.Y.Kwon, J.Y.Cho, Y.J.Lee, Estrogen and hypoxia regulate estrogen receptor alpha in a synergistic manner. Biochem.Biophys.Res.Commun. 378, (2009) 842-846.

[135] M.Quintero, P.A.Brennan, G.J.Thomas, S.Moncada, Nitric oxide is a factor in the stabilization of hypoxia-inducible factor-1alpha in cancer: role of free radical formation. Cancer Res.2006. 66, (2006) 770-774.

[136] U.Berchner-Pfannschmidt, H.Yamac, B.Trinidad, J.Fandrey, Nitric oxide modulates oxygen sensing by hypoxia-inducible factor 1-dependent induction of prolyl hydroxylase 2. J.Biol.Chem.2007. 282, (2007) 1788-1796.

[137] K.Mortensen, J.Skouv, D.M.Hougaard, L.I.Larsson, Endogenous endothelial cell nitric-oxide synthase modulates apoptosis in cultured breast cancer cells and is transcriptionally regulated by p53. J.Biol.Chem. 274, (1999) 37679-37684.

[138] R.H.THOMLINSON, L.H.GRAY, The histological structure of some human lung cancers and the possible implications for radiotherapy. Br.J.Cancer. 9, (1955) 539-549.

[139] J.Overgaard, J.G.Eriksen, M.Nordsmark, J.Alsner, M.R.Horsman, Plasma osteopontin, hypoxia, and response to the hypoxia sensitiser nimorazole in radiotherapy of head and neck cancer: results from the DAHANCA 5 randomised double-blind placebo-controlled trial. Lancet Oncol. 6, (2005) 757-764.

[140] J.W.Adamson, Erythropoietic-stimulating agents: the cancer progression controversy and collateral damage to the blood supply. Transfusion. 49, (2009) 824-826.

[141] E.Sivridis, A.Giatromanolaki, K.C.Gatter, A.L.Harris, M.I.Koukourakis, Association of hypoxia-inducible factors 1alpha and 2alpha with activated angiogenic pathways and prognosis in patients with endometrial carcinoma. Cancer. 95, (2002) 1055-1063.

[142] J.D.Gordan, J.A.Bertout, C.J.Hu, J.A.Diehl, M.C.Simon, HIF-2alpha promotes hypoxic cell proliferation by enhancing c-myc transcriptional activity. Cancer Cell. 11, (2007) 335-347.

[143] J.A.Bertout, A.J.Majmundar, J.D.Gordan, J.C.Lam, D.Ditsworth, B.Keith, E.J.Brown, K.L.Nathanson, M.C.Simon, HIF2alpha inhibition promotes p53 pathway activity, tumor cell death, and radiation responses. Proc.Natl.Acad.Sci.U.S.A. 106, (2009) 14391-14396.

[144] M.M.Hsieh, N.S.Linde, A.Wynter, M.Metzger, C.Wong, I.Langsetmo, A.Lin, R.Smith, G.P.Rodgers, R.E.Donahue, S.J.Klaus, J.F.Tisdale, HIF prolyl hydroxylase inhibition results in endogenous erythropoietin induction, erythrocytosis, and modest fetal hemoglobin expression in rhesus macaques. Blood. 110, (2007) 2140-2147.

[145] G.L.Semenza, Intratumoral hypoxia, radiation resistance, and HIF-1. Cancer Cell. 5, (2004) 405-406.

[146] W.M.Bernhardt, M.S.Wiesener, P.Scigalla, J.Chou, R.E.Schmieder, V.Gunzler, K.U.Eckardt, Inhibition of prolyl hydroxylases increases erythropoietin production in ESRD. J.Am.Soc.Nephrol. 21, (2010) 2151-2156.

[147] L.Yan, V.J.Colandrea, J.J.Hale, Prolyl hydroxylase domain-containing protein inhibitors as stabilizers of hypoxia-inducible factor: small molecule-based therapeutics for anemia. Expert.Opin.Ther.Pat. 20, (2010) 1219-1245.

[148] J.H.Marxsen, P.Stengel, K.Doege, P.Heikkinen, T.Jokilehto, T.Wagner, W.Jelkmann, P.Jaakkola, E.Metzen, Hypoxia-inducible factor-1 (HIF-1) promotes its degradation by induction of HIF-alpha-prolyl-4-hydroxylases. Biochem.J. 381, (2004) 761-767.

[149] W.Y.Kim, S.H.Oh, J.K.Woo, W.K.Hong, H.Y.Lee, Targeting heat shock protein 90 overrides the resistance of lung cancer cells by blocking radiation-induced stabilization of hypoxia-inducible factor-1alpha. Cancer Res. 69, (2009) 1624-1632.

[150] M.Bi, C.Naczki, M.Koritzinsky, D.Fels, J.Blais, N.Hu, H.Harding, I.Novoa, M.Varia, J.Raleigh, D.Scheuner, R.J.Kaufman, J.Bell, D.Ron, B.G.Wouters, C.Koumenis, ER stress-regulated translation increases tolerance to extreme hypoxia and promotes tumor growth. EMBO J. 24, (2005) 3470-3481.

[151] D.R.Fels, C.Koumenis, The PERK/eIF2alpha/ATF4 module of the UPR in hypoxia resistance and tumor growth. Cancer Biol.Ther. 5, (2006) 723-728.

[152] V.Calabrese, T.E.Bates, C.Mancuso, C.Cornelius, B.Ventimiglia, M.T.Cambria, R.L.Di, L.A.De, A.T.Dinkova-Kostova, Curcumin and the cellular stress response in free radical-related diseases. Mol.Nutr.Food Res. 52, (2008) 1062-1073.

[153] J.M.Ringman, S.A.Frautschy, G.M.Cole, D.L.Masterman, J.L.Cummings, A potential role of the curry spice curcumin in Alzheimer's disease. Curr.Alzheimer.Res. 2, (2005) 131-136.

[154] S.Bhaumik, R.Anjum, N.Rangaraj, B.V.Pardhasaradhi, A.Khar, Curcumin mediated apoptosis in AK-5 tumor cells involves the production of reactive oxygen intermediates. FEBS Lett. 456, (1999) 311-314.

[155] H.Choi, Y.S.Chun, S.W.Kim, M.S.Kim, J.W.Park, Curcumin inhibits hypoxia-inducible factor-1 by degrading aryl hydrocarbon receptor nuclear translocator: a mechanism of tumor growth inhibition. Mol.Pharmacol. 70, (2006) 1664-1671.

[156] H.Pelicano, L.Feng, Y.Zhou, J.S.Carew, E.O.Hileman, W.Plunkett, M.J.Keating, P.Huang, Inhibition of mitochondrial respiration: a novel strategy to enhance drug-induced apoptosis in human leukemia cells by a reactive oxygen species-mediated mechanism. J.Biol.Chem. 278, (2003) 37832-37839.

[157] M.J.Logan-Smith, P.J.Lockyer, J.M.East, A.G.Lee, Curcumin, a molecule that inhibits the Ca2+-ATPase of sarcoplasmic reticulum but increases the rate of accumulation of Ca2+. J.Biol.Chem. 276, (2001) 46905-46911.

[158] E.P.Cummins, E.Berra, K.M.Comerford, A.Ginouves, K.T.Fitzgerald, F.Seeballuck, C.Godson, J.E.Nielsen, P.Moynagh, J.Pouyssegur, C.T.Taylor, Prolyl hydroxylase-1 negatively regulates IkappaB kinase-beta, giving insight into hypoxia-induced NFkappaB activity. Proc.Natl.Acad.Sci.U.S.A. 103, (2006) 18154-18159.

[159] P.Javvadi, A.T.Segan, S.W.Tuttle, C.Koumenis, The chemopreventive agent curcumin is a potent radiosensitizer of human cervical tumor cells via increased reactive oxygen species production and overactivation of the mitogen-activated protein kinase pathway. Mol.Pharmacol. 73, (2008) 1491-1501.

[160] D.Chendil, R.S.Ranga, D.Meigooni, S.Sathishkumar, M.M.Ahmed, Curcumin confers radiosensitizing effect in prostate cancer cell line PC-3. Oncogene.2004. 23, (2004) 1599-1607.

[161] H.P.Ciolino, P.J.Daschner, T.T.Wang, G.C.Yeh, Effect of curcumin on the aryl hydrocarbon receptor and cytochrome P450 1A1 in MCF-7 human breast carcinoma cells. Biochem.Pharmacol.1998.Jul. 56, (1998) 197-206.

[162] H.Choi, Y.S.Chun, Y.J.Shin, S.K.Ye, M.S.Kim, J.W.Park, Curcumin attenuates cytochrome P450 induction in response to 2,3,7,8-tetrachlorodibenzo-p-dioxin by ROS-dependently degrading AhR and ARNT. Cancer Sci. 99, (2008) 2518-2524.

[163] S.Nishiumi, K.Yoshida, H.Ashida, Curcumin suppresses the transformation of an aryl hydrocarbon receptor through its phosphorylation. Arch.Biochem.Biophys.2007. 466, (2007) 267-273.

[164] T.V.Beischlag, G.H.Perdew, ER alpha-AHR-ARNT protein-protein interactions mediate estradiol-dependent transrepression of dioxin-inducible gene transcription. J.Biol.Chem. 280, (2005) 21607-21611.

[165] B.E.Bachmeier, V.Mirisola, F.Romeo, L.Generoso, A.Esposito, R.Dell'eva, F.Blengio, P.H.Killian, A.Albini, U.Pfeffer, Reference profile correlation reveals estrogen-like trancriptional activity of Curcumin. Cell Physiol.Biochem. 26, (2010) 471-482.

[166] T.J.Somers-Edgar, M.J.Scandlyn, E.C.Stuart, N.M.Le, S.P.Valentine, R.J.Rosengren, The combination of epigallocatechin gallate and curcumin suppresses ER alpha-breast cancer cell growth in vitro and in vivo. Int.J.Cancer. 122, (2008) 1966-1971.

[167] V.Singh-Gupta, H.Zhang, C.K.Yunker, Z.Ahmad, D.Zwier, F.H.Sarkar, G.G.Hillman, Daidzein effect on hormone refractory prostate cancer in vitro and in vivo compared to genistein and soy extract: potentiation of radiotherapy. Pharm.Res. 27, (2010) 1115-1127.

[168] Z.Mai, G.L.Blackburn, J.R.Zhou, Soy phytochemicals synergistically enhance the preventive effect of tamoxifen on the growth of estrogen-dependent human breast carcinoma in mice. Carcinogenesis.2007. 28, (2007) 1217-1223.

[169] R.M.Mohammad, S.Banerjee, Y.Li, A.Aboukameel, O.Kucuk, F.H.Sarkar, Cisplatin-induced antitumor activity is potentiated by the soy isoflavone genistein in BxPC-3 pancreatic tumor xenografts. Cancer.2006. 106, (2006) 1260-1268.

[170] B.Caetano, C.L.Le, N.Chalabi, L.Delort, Y.J.Bignon, D.J.Bernard-Gallon, Soya phytonutrients act on a panel of genes implicated with BRCA1 and BRCA2 oncosuppressors in human breast cell lines. Br.J.Nutr. 95, (2006) 406-413.

[171] Y.Zhou, A.S.Lee, Mechanism for the suppression of the mammalian stress response by genistein, an anticancer phytoestrogen from soy. J.Natl.Cancer Inst. 90, (1998) 381-388.

[172] F.H.Sarkar, Y.Li, Z.Wang, S.Padhye, Lesson learned from nature for the development of novel anti-cancer agents: implication of isoflavone, curcumin, and their synthetic analogs. Curr.Pharm.Des. 16, (2010) 1801-1812.

[173] H.S.Seo, D.G.DeNardo, Y.Jacquot, I.Laios, D.S.Vidal, C.R.Zambrana, G.Leclercq, P.H.Brown, Stimulatory effect of genistein and apigenin on the growth of breast cancer cells correlates with their ability to activate ER alpha. Breast Cancer Res.Treat. 99, (2006) 121-134.

[174] J.A.Schwartz, G.Liu, S.C.Brooks, Genistein-mediated attenuation of tamoxifen-induced antagonism from estrogen receptor-regulated genes. Biochem.Biophys.Res.Commun. 253, (1998) 38-43.

[175] J.Overgaard, Hypoxic radiosensitization: adored and ignored. J.Clin.Oncol. 25, (2007) 4066-4074.

[176] H.Harada, S.Itasaka, Y.Zhu, L.Zeng, X.Xie, A.Morinibu, K.Shinomiya, M.Hiraoka, Treatment regimen determines whether an HIF-1 inhibitor enhances or inhibits the effect of radiation therapy. Br.J.Cancer.2009.Mar.10. 100, (2009) 747-757.

[177] A.Wiecek, T.Nieszporek, J.Chudek, Perspectives in the treatment of renal anaemia new concepts and new drugs. Prilozi. 28, (2007) 225-237.

[178] G.Shoba, D.Joy, T.Joseph, M.Majeed, R.Rajendran, P.S.Srinivas, Influence of piperine on the pharmacokinetics of curcumin in animals and human volunteers. Planta Med. 64, (1998) 353-356.

[179] A.Masoumi, B.Goldenson, S.Ghirmai, H.Avagyan, J.Zaghi, K.Abel, X.Zheng, A.Espinosa-Jeffrey, M.Mahanian, P.T.Liu, M.Hewison, M.Mizwickie, J.Cashman, M.Fiala, 1alpha,25-dihydroxyvitamin D3 interacts with curcuminoids to stimulate amyloid-beta clearance by macrophages of Alzheimer's disease patients. J.Alzheimers.Dis. 17, (2009) 703-717.

7. Veröffentlichungen und Kongressbeiträge

Veröffentlichungen und Abstracts

Originalveröffentlichungen

M. Ströfer, W. Jelkmann, E. Metzen, U.Brockmeier, J. Dunst, R. Depping (2011). Stabilizing and abolishing hypoxia-inducible factor (HIF) – two distinct ways but comparable important in therapy. Cell Physiol Biochem. 28, 805-12

M. Ströfer, R. Depping, W. Jelkmann (2011). Curcumin decreases survival of Hep3B liver and MCF-7 breast cancer cells. Strahlenther Onkol. 187, 393-400

Abstrakte

M. Ströfer, R. Depping, W. Jelkmann (2011). Stabilizing and abolishing hypoxia-inducible factor (HIF) – two distinct ways but comparable important in therapy. Joint Meeting of the Scandinavian and German Physiological Societies, Regensburg

M. Ströfer, R. Depping, W. Jelkmann (2010). Hypoxia and radiooncology – impact on radioresponsiveness of tumor cells. Joint Meeting of the Scandinavian and German Physiological Societies, Kopenhagen

M. Ströfer, R. Depping, J. Dunst, Wolfgang Jelkmann (2009). Curcumin impacts on HIFα protein levels. Focus uni-luebeck Supplement 2009 – 36. FAJP

A. Renner, M. Ströfer, R. Depping, W. Jelkmann, J. Dunst, E. Metzen (2009). Hypoxia in radiooncology. Focus uni-luebeck Supplement 2009 – 38. FAJP (Abstract)

M. Ströfer, S. Halwachs, C. Kneuer, W. Honscha (2007). Regulation of the reduced folate carrier (Rfc1) by phenobarbital-type cytochrome P450 inducers and arylhydrocarbons (dioxins). 5th Biotechnology Symposium 2007 – 5.43

yes
i want morebooks!

Buy your books fast and straightforward online - at one of world's fastest growing online book stores! Environmentally sound due to Print-on-Demand technologies.

Buy your books online at
www.get-morebooks.com

Kaufen Sie Ihre Bücher schnell und unkompliziert online – auf einer der am schnellsten wachsenden Buchhandelsplattformen weltweit! Dank Print-On-Demand umwelt- und ressourcenschonend produziert.

Bücher schneller online kaufen
www.morebooks.de

VDM Verlagsservicegesellschaft mbH
Heinrich-Böcking-Str. 6-8
D - 66121 Saarbrücken

Telefon: +49 681 3720 174
Telefax: +49 681 3720 1749

info@vdm-vsg.de
www.vdm-vsg.de

Printed by Books on Demand GmbH, Norderstedt / Germany